浙江省高校重大人文社科攻关计划项目（2014QN028）

畲族服饰史

闫晶 编著

中国纺织出版社有限公司

国家一级出版社
全国百佳图书出版单位

图书在版编目（CIP）数据

畲族服饰史／闫晶编著 . -- 北京：中国纺织出版
社有限公司，2019.10

ISBN 978-7-5180-6542-4

Ⅰ.①畲…　Ⅱ.①闫…　Ⅲ.①畲族—民族服饰—历史
—研究—华东地区　Ⅳ.① TS941.742.883

中国版本图书馆 CIP 数据核字（2019）第 179480 号

策划编辑：魏　萌　　　特约编辑：陈静杰
责任校对：江思飞　　　责任印制：王艳丽

中国纺织出版社有限公司出版发行
地址：北京市朝阳区百子湾东里 A407 号楼　邮政编码：100124
销售电话：010 — 67004422　传真：010 — 87155801
http://www.c-textilep.com
中国纺织出版社天猫旗舰店
官方微博 http://weibo.com/2119887771
北京华联印刷有限公司印刷　各地新华书店经销
2019 年 10 月第 1 版第 1 次印刷
开本：889×1194　1/16　印张：10
字数：158 千字　定价：98.00 元

前言

　　畲族是我国为数不多的主要聚居于华东地区的少数民族，有其自身独特的文化体系。畲族服饰不仅是畲族人民遮体御寒的生活必需品，还是畲族人文精神和民族审美的集中体现，也是畲族区别于其他民族的重要外部特征之一。

　　统观畲族服饰文化逾千年变迁，不仅能领略到形态丰富、精美绚丽的民族艺术，体验到随山散处、生态自然的游耕生产生活方式，还能发现闽越土著百越族群和以客家文化为代表的汉族文化对周边民族的渗透影响。纵观近现代畲族服饰的发展变迁，其尾随主流服饰变迁轨迹的同时珍视自身文化身份，从强权之下犹守旧制、清贫之下安着华服，到在政治肯定和文化尊重中逐步涵化，最后在文化全球化中发展出多元化格局。这一过程反映了畲族人民经济水平、文化程度、政治地位等各方面的提升，也透露出文化全球化冲击之下保持自身文化根基的隐忧。探究畲族服饰文化的演进脉络和规律可以为传承和发扬民族文化提供理论借鉴。

闫　晶

2019 年 4 月

目录

第 1 章　古代畲族服饰

畲族服饰在漫长岁月中一直不断地发展变化着，这些变化向人们无声地吐露着畲族人民、也是中华民族在历史进程中所经受的政治动荡、社会变革、经济发展、文化浸染、种族流变和宗教洗礼。

1.1 古代畲族服饰文化变迁历程

1.1.1 原始时期

畲族族源至今众说纷纭，有苗、瑶、畲同源于"武陵蛮"一说，有越人后裔一说，有源自古代广东土著居民一说等，尚无定论[1]101。据畲民族谱记载，畲族起源于广东潮州凤凰山。在汉晋以后、隋唐之际，畲族先民就已劳作、生息、繁衍在粤、闽、赣三省交界地区。

据《后汉书·南蛮传》载："畲族先民盘瓠蛮织绩木皮，染以果实，好五色衣服，制裁皆有尾形""衣裳斑斓"。畲族所处的地区山脉纵横，"莽莽万重山、苍然一色，人迹罕到"，使得早期畲族与世隔绝，受外界干扰少，因此直至唐初，上述独特的民族服饰特征一直延续和保持。例如，《云霄县志》记载唐代居住在漳州地区畲族先民的发式和服饰为"椎髻卉服"。《赤雅》载："刘禹锡诗，时节祀盘瓠是也。其乐五合，其旗五方，其衣五彩，是谓五参。"唐朝陈元光《请建州县表》载：唐朝前期福建漳州一带畲族先民"左衽居椎髻之半，可耕乃火田之余"[2]269。《畲族历史与文化》一书也载："唐宋时，畲族妇女流行'椎髻卉服'，即头饰是高髻，衣服着花边"[2]63。

可见汉至唐初畲族服饰较好地保持了原始风貌，其主要特征为：

★色彩：鲜艳的五色。

★款式：衣摆或裙摆前短后长，部分衣襟"左衽"，与中原服饰特征相异。

★头饰：将头发梳理成椎形的高髻。

1.1.2 多源融合时期

宋元之际，在反抗封建苛政特别是榷盐弊政的共同斗争中，畲族与周边其他各民族人民在合作中加深了交流，通过融合促进了畲族服饰文化的多源融合。

闽粤赣边区的土著居民属百越系统。直至汉初，这一地区仍主要居住着不同支系的越人即百越族群。正如《汉书·地理志》颜师古注引臣瓒曰：自交趾至会稽七八千里，百越杂处，各有种姓。"断发""文身"当为百越服饰习俗代表，文献记载也颇多。《淮南子·齐俗训》："越王勾践，剪发文身。"《战国策·越策》云："被发文身，错臂左衽，瓯越之民也。"《史记·赵世家》："越之先世封于会稽，断发文身，披草莽而邑焉"。《逸周书·王会》曰："越沤（瓯），剪发文身。"其他文献如《墨子·公孟》《庄子·逍遥游》等也均有记载。而据《元史·完者都传》载："黄华聚党三万人，扰建宁，号头陀军。""头陀"即断发文身。"头陀军"也是"畲军"的代名词。南宋中叶宁化的畲军领袖晏彪也曾号"晏头陀"[3]197。这说明宋元时期畲族起义军在与闽越土著的交流合作中，吸收了其服饰元素，或部分闽越土著直接汇入畲族，成为其中的一部分，并随之引入了相应的服饰元素。

同时，据著名旅行者、罗马天主教圣方济各会修士鄂多立克（Odoric，1265—1331）在《鄂多立克东游录》一书中所述，福州"已婚妇女都在头上戴一个大角筒，表示已婚[4]"，说明元代福州畲族已婚妇女还保留着头戴筒式高冠（椎髻）的传统。

总结宋元时期畲族服饰的主要特征为：

★头饰：闽东福州地区妇女保留了头戴筒式高冠（椎髻）的传统。

　　　　闽西宁化地区畲民吸收了断发这种百越民族头饰特征。

★款式：闽西宁化地区畲民吸收了文身这种百越民族服饰特征。

1.1.3　流徙从简时期

元朝统治者对抗元畲军进行了残酷镇压和分化瓦解，"至元十六年（1279年）五月辛亥，诏谕漳、泉、汀、邵武等处暨八十四畲官吏军民，若能举众来降，官吏例加迁赏，军民按堵者如故"[5]。这直接造成了畲族的大迁徙。从元后期至明万历年间，畲民开始大规模从闽西南沿闽南经闽东向浙南流徙。明万历进士谢肇淛游福建太姥山过湖坪时，曾目睹"畲人纵火焚山，西风急甚，竹木迸爆如霹雳，……回望十里为灰矣"，并写下"畲人烧草过春分"的诗句。顾炎武亦云：畲民"随山散处，刀耕火种，采实猎毛，食尽一山则他徙。"这些都是对明朝畲族游耕生活的真实记录。

据史料记载明代畲民的风貌普遍为高髻赤足，较之先民显得颇为简朴，这与他们的流徙生活不无关系。例如，谢肇淛《五杂俎》载：福建畲族的服饰"吾闽山中有一种畲人……不巾不履。"明朝万历《永春县志》卷三《风俗》也载：畲族先民"通无鞋履"。《天下郡国利病书》载：广东博罗县畲族，"椎髻跣足。"《潮阳县志》载：明代畲族"男女皆椎髻箕倨，跣足而行"。《永乐大典·潮州府风俗》载：潮汕地区畲族"妇女往来城市者，皆好高髻，与中州异，或以为椎髻之遗风"。

畲民自明代开始在山上搭棚种青靛，熊人霖著《南荣集》记载：崇祯年间闽西南"汀之菁民，刀耕火耨，艺兰为生，编至各邑结寨而居"（编者按："兰"同"蓝"）；《兴化县志》也载：闽中莆仙畲民"彼汀漳流徙，插菁为活"。历史上，有称畲族先民为"菁寮""菁客"，是因畲族先民所到之地，遍种菁草。据明代黄仲昭《人间通志》卷四一载："菁客"所产菁靛品质极佳，其染色"为天下最"。从这一时期起畲族服饰色彩即开始以青色为尊。

明代，赣闽粤交界区域已得到较为深入的开发，人稠地狭的矛盾日益突出。特别是明中叶政治腐败日益严重的背景下，赣南的土著居民与客家人矛盾与畲汉贫民反抗封建统治的斗争交织在一起，造成连绵的暴动和起义。明政府剿抚并用，特别是王守仁巡抚南赣平乱时所推行的礼乐教化之心学主张，缓和了民族和阶级矛盾，促进了畲民的稳定向化[6]。部分畲民接受招抚加入官籍，他们的服饰也渐渐与汉族趋同。顾炎武即于《天下郡国利病书》中提到："三坑招抚入籍，瑶僮亦习中国衣冠言语，久之当渐改其初服云"。

总结元末至明中后期这一时期畲族服饰的主要特征为：

★ 色彩：开始以蓝靛所染青色为主要服色。

★ 款式：与当地汉族趋同。

★ 头饰：高髻、不戴头巾。

★ 足饰：赤足。

1.1.4　涵化成型时期

清代，畲族逐渐结束了迁徙生活，主要在福建东北部、浙江南部定居下来。在与汉族人民"大杂居，小聚居"的格局下，畲族服饰一方面形成了自身的民族特色，一方面也不可避免地受到了汉族的影响。

畲族先民与以客家先民为代表的汉族人民在粤、闽、赣的交流渊源深厚。早在晋代，永嘉之乱促使大批中原汉人举族南迁闽西、赣南、粤东[7]。自唐末至宋，客家人因黄巢起义战乱所迫，从河南西南部、江西中部和北部及安徽南部，迁至福建西部的汀州、宁化、上杭、永定，还有广东的循州、惠州和韶州，更近者迁至江西中部和南部。宋末到明初，因元南侵，客家人自闽西、赣南迁至广东东部和北部。这几次迁徙的地点正好是闽浙赣的交界处[8]。他们与畲族先民产生接触、交往和斗争，并引起了畲族社会生活和文化状态的改变。

明清以来，各地畲族在不同程度上走上了汉化的道路，如永春县畲族在服饰、饮食、礼俗等文化面貌上"皆与齐民无别"；长汀县畲客"男子衣帽发辫如乡人"等[9]。

据《平和县志》记载："瑶人瑶种椎髻跣足，以盘、蓝、雷为姓。虞衡志云：'本盘瓠之后，俗呼畲客。自结婚姻，不与外人通也。……明初设抚瑶土官使绥靖之，略赋山税，羁縻而已。今则太平既久，声教日讫，和邑诸山，木拔道通，瑶獞安在哉，盖传流渐远，言语相通，饮食、衣服、起居、往来多与人同，瑶獞而化为齐民，亦相与忘其所自来矣"[10]。从上文的记载可知：明初对畲民采取了绥靖政策，后经过畲汉长期的交流共处，"声教日讫，和邑诸山，木拔道通"，到清初康熙年间，畲民已被慢慢地同化，言语相通，饮食、服饰、起居、往来多与当地汉人相同。

甚至部分畲民一改往日畲汉不能通婚的习俗，主动与汉人通婚，渐渐融入汉族。据清道光十二年《建阳县志》记载："嘉乐一带畲民，半染华风，欲与汉人为婚，则先为其幼女缠足，稍长，令学针黹坐闺中，不与习农事，奁资亦略如华人，居室仍在辟地，然规模亦稍轩敞矣。妻或无子也娶妾，亦购华人田产，亦时作雀角争，亦读书识字，习举子业"[2]63。

乾隆时期《皇清职贡图》中所绘罗源、古田两地畲族男女服装款式皆大襟右衽（图1-1、图1-2），同于当地汉民[11]。

可见，无论是在历史上畲族聚居区的赣闽粤边地，还是闽北、闽东、浙南等畲族大迁徙

图 1-1　清代《皇清职贡图》载福建罗源畲族服饰

图 1-2　清代《皇清职贡图》载福建古田畲族服饰

后的新居地，畲族都在不同程度上汉化了。

如表 1-1 所示，在这一时期除广东畲族服饰相对显得比较简朴外，福建、浙江、江西的畲族服饰基本类同。比较突出的服饰特征可总结为以下几个方面：

★色尚青蓝：服饰色彩以青色、蓝色为主，浙江地区多"斑兰"❶花布。

★款式精短：畲服款式普遍为短衣、短裙，大部分裙长不及膝盖。

★装饰颇盛：较之前朝的"不巾不履"，清代畲族男女在头饰、足饰、装饰品等各方面都更显丰富。

★男女有别：男子戴竹笠穿短衫，一般赤脚，耕作时穿草鞋。女子一般先梳高髻，以蓝花布包头，再戴竹制头冠，并装饰以彩色石珠。

★汉化加深：在畲汉交流日益深广的情况下，赤脚的习俗在清末逐渐转变，开始穿布鞋或草鞋。

表 1-1　清代各地畲族服饰

地区		服饰色彩	服装款式	头饰	足饰	饰品	材质
福建①	福州	罗源：多以青兰布	罗源：男短衣，女围裙 侯官：男短衫	罗源：男椎髻；女挽髻，蒙以花布，间有带小冠者，贯绿石如数珠，垂两鬓间 侯官：女高髻垂缨	罗源：女着履 侯官：男徒跣	罗源：围裙	罗源：布
	宁德	古田：兰布，布带	古田：女短衣布带，裙不蔽膝 福安：男短衣	古田：男竹笠；以兰布裹发，或带冠，状如狗头；头戴冠子，以竹覆之，或以白石、兰石串络冠上，或夹垂两鬓 福安：女交髻蒙巾，加饰如璎珞状	古田：男草履；女跣足 福安：男子跣足	古田：围裙	古田：布
	龙岩	—	—	永定：女草珠，璎珞	—	—	—

❶《后汉书·南蛮传》："衣裳斑兰，语言侏离"。

续表

地区		服饰色彩	服装款式	头饰	足饰	饰品	材质
浙江[②]	处州（今丽水）	遂昌：斑兰布 景宁：布斑斑；五色椒珠	遂昌：女腰着独幅裙 景宁：男单袷不完，勿衣勿裳；女短裙蔽膝，勿绔勿袜	处州：女戴布冠，缀石珠；冬夏以花布裹头，巾为竹冠，缀以石珠 遂昌：椎髻，以斑兰布包竹筒，缀以珠玑其首 景宁：女椎结，断竹为冠，裹以布。布斑斑，饰以珠，珠垒垒，皆五色椒珠	处州：女赤足 遂昌：女跣足 景宁：勿袜、跣足	—	景宁：无寒暑，皆衣麻赭色土丝
江西[③]	鹰潭	贵溪：青色布	—	贵溪：女子既嫁必冠笄，其笄以青色布为之，大如掌，用麦秆数十茎著其中，而彩线绣花鸟于顶，又结蚌珠缀四檐		—	
广东[④]	潮州	—	—	海阳县（今潮州市）：不冠	海阳县：不履	—	—

① 摘自傅恒：《皇清职贡图》卷三；张海若：《古田县志》卷二十一，《礼俗·畲民附》；吕谓英：《侯官县乡土志》，卷五人类；杨澜：《临汀汇考》卷三，《风俗考·畲民附》。
② 摘自周荣椿：《处州府志》卷二十四卷《风土》，光绪三年；周荣椿《处州府志》卷二十九，屠本仁《说畲》；褚成允：《遂昌县志》卷十二，《风俗》，光绪二十二年；周杰：《景宁县志》卷十二《风土附畲民》，同治十一年；张景祁：《富安县志》卷《杂记》。
③ 摘自同治《贵溪县志》卷十四，《杂类轶事》。
④ 摘自光绪版《海阳县志·杂录》。

1.2 文化变迁视野下的古代畲族服饰演变动因

文化变迁是指文化内容的增加或减少及其所引起的文化系统结构、模式、风格的变化[12]318。文化的形成和变迁是一个非常复杂的系统，气候、地理等诸多要素都能带来文化的差异。文化变迁研究是人类学、民族学关于文化研究的核心问题之一。自19世纪下半叶起，文化如何变化及民族文化的未来走向成为人类学家和社会学家潜心研究的课题[13]。目前民族文化变迁研究在我国方兴正艾，它在中华民族形成与发展的历史长河中，探讨中华民族凝聚力的形成与发展；探讨儒家文化与少数民族文化的关系；它对于分析民族文化融合的意义、途径、过程等方面都有重要的参考价值和现实意义。

1.2.1 演变因素

关于文化变迁的动因，许多学者提出了自己的观点看法，其中具有代表性的有：生物因素说、地理环境说、经济基础说、工业发展说、文化传播说和心理因素说[12]。这些学说所提及的因素也同样影响着畲族服饰文化的变迁。值得强调的是，虽然在畲族发展史乃至世界各民族发展史上，文化的传播、人的心理因素、生物性、经济发展、技术进步、地理环境等都曾引起过颠覆性的民族服饰文化变迁，但是不能将以上的某个单一因素确定为民族服饰文化变迁的根本原因，也不能确定为历史上的某一次民族服饰演变的唯一原因。社会是发展变化的，各社会因素间也有着纷繁复杂的联系，文化的每一次进步都有其必然性和偶然性，更有着必然的因果关系。在具体的历史时空之下，文化变迁可能由于以上任何因素的作用而发生改变。因此，民族服饰文化的变迁往往是多种因素同时作用的结果。

（1）生物因素——族源融合

文化变迁动因的生物因素说认为：包括文化在内的社会是一个有机体，其变迁、进化是一个生物有机过程[12]412。其中的新社会达尔文主义的文化变迁理论将文化进化或变迁归结为生态环境中群落基因库的变异和基因群的分布[14]。

闽粤赣边地历史上存在着重叠的三个基因群，最早为土著百越族群，然后为源于五溪地区的畲瑶族群，最后为来自中原代表汉族文化的客家族群。这三种族群文化相交，必然产生互动互融关系。随着畲族逐渐迁出与世隔绝的祖居地，他们与古越蛮族、以客家人为代表的汉族的交流日益深广，关系日益紧密。其中一部分通过通婚、集结起义等方式实现了身份的迭合与转化。在不断的种族融合进程中，畲族服饰文化也相应地产生了涵化。唐宋时，畲族妇女流行"椎髻卉服"，即头饰是高髻，衣服着花边[2]269，显示出畲瑶先民盘瓠蛮的典型服饰风貌。元代，畲族起义军又号"头陀军"。"头陀"即"断发文身"，是百越民族的典型服饰特色[15]。这说明宋元时期畲族起义军在与闽越土著的交流合作中，吸收了其服饰元素；或部分闽越土著直接汇入畲族，成为其中的一部分，并随之引入了相应的服饰元素。

清代《皇清职贡图》载：福建畲民"其习俗诚朴，与土著无异"，表明当时畲汉关系密切、表征趋同。又如前述据《建阳县志》载，清道光年间一部分畲民主动与汉人通婚，模仿汉族服饰文化习俗，畲汉界限十分模糊。时至今日，福建客家和畲民仍同梳高发髻，戴凉笠，着右衽花边衣，尚青、蓝色[16]。

事实上，很多学者认为畲族本来就是多族源民族共同体，族源"包括五溪地区迁移至此的武陵蛮、长沙蛮后裔，当地土生土长的百越种族和山都、木客等原始居民，也包括自中原、江淮迁来的汉族移民即客家先民和福佬先民"[3]11。族源多元性这一文化变迁的生物因素正是畲族服饰文化变迁的初始动力。

（2）地理因素——迁徙

自然环境不仅决定着文化的性质，也决定着文化的形式与内容。地理环境改变了，社会文化也随之变迁。

从元后期至明万历年间，畲族从祖居的赣闽粤边地向闽北、闽东、浙南、赣东等多处新居地大迁徙，导致了畲族服饰原料的地域性改变和分化，从而影响畲族服饰的演变。比如，浙江丽水景宁的畲族因为主要生活在山区，当地盛产苎麻，加之气候温暖，温差较小，故"皆衣麻"；而福建古田的畲族，主要聚居在平坝，以种植棉花为主，故其制作服装选用的衣料以棉布为主，"妇以蓝布裹发……短衣布带"。

各个迁入地的不同地缘文化也对畲族服饰的演变造成影响。如迁徙到温州地区的畲族服饰刺绣深受瓯绣的影响，而闽东畲族服饰刺绣题材很多取自于福建木偶戏及闽剧。

迁徙过程中要求服饰简便实用，而不强调其审美功能，这也是导致元末明初畲族大迁徙时期服饰装饰性削弱的原因之一。

（3）经济因素——经济生活方式的转变

在人类历史发展中，经济基础决定着社会结构、生活方式等诸多文化要素，经济因素在文化变迁中扮演着非常重要的角色。

畲族主要散居于我国东南山区的山腰地带，从气候上看，紧靠北回归线北面，属亚热带湿润季风气候。在这样的自然环境里，畲族明清以前发展起来的生产方式是"随山散处，刀耕火种，采实猎毛，食尽一山则他徙"的游耕和狩猎并举的经济生活方式[17]。因生产活动场所主要是未开荒的深山密林，多荆棘枝挂，所以服饰品尽量精简。可见当时畲族服饰"椎髻跣足""不巾不履"的特征是与游耕和狩猎并举的经济生活方式相适应的。

明清以后，畲民扩散到闽中、闽东、闽北、浙南、赣东等地，结束了辗转迁徙的生活，才逐渐发展起以梯田耕作和定耕旱地杂粮为核心的生计模式[17]。由于生产活动的主要场所由林区转移到田地，故具遮阳功能的"巾""冠""笠"等头饰和具采集功能的"围裙"逐渐在畲族日常生活中占据重要位置。同时，随着农耕生产的不断发展，农副产品日渐丰富，手工业也得到了相应的发展，畲族人民能够创作出"布斑斑""珠垒垒"的精美头饰艺术品，必然得益于当时经济的发展和手工制造技艺的进步。

（4）工艺发展因素——染织技术发展

自然科学知识的增长推动了人类社会文化史的发展与进化。新技术一旦出现，它自身的生命和力量就构成了文化进化的源泉。纺织服装技术的发展引导了服饰文化的演进，对畲族服饰演变影响比较深远的是以制菁为代表的畲族染色技术的发展。

畲族有谚语说："吃咸腌，穿青蓝"。福建霞浦县新娘结婚"头蒙兰底白点的盖头，腰系黑色素面的结婚长裙，扎兰色腰带"[2]282。足见畲民对黑色、蓝色的喜爱。青、黑色之所以为畲民所接受，首先是由畲族人民的染色技术决定的。"青出于蓝"，青在古代指黑色，一般由天然染料青靛中提取。青靛也名蓝靛，古称"菁"。用于染色时，时久色重显黑，时微色淡显蓝。明万历年间，由于织机的改进，闽浙纺织业发展很快，以致种苎和种菁的利润几倍于粮食。在种菁热的带动下，畲族拓荒者所到之地，遍种菁草，故历史亦有称畲族为"菁客"。到崇祯年间闽西南"汀之菁民，刀耕火褥，艺兰为生，编至各邑结寮而居"；闽中莆仙畲民"彼汀漳流徙，插菁为活"。"菁客"所产菁靛品质极佳，其染色曾被盛誉"为天下最"。畲族制菁技术的发展直接导致了明清之际其服饰色彩由"五彩""卉服"向"皆服青色"的转变。

（5）文化传播因素——主流文化侵染

威廉·里弗斯在《美拉尼西亚社会史》中曾说道："各族的联系及其文化的融合，是发动各种导致人类进步力量的主要推动力。"文化传播因素是指外来文化传播对某文化变迁的影响和作用这一因素。反映在古代畲族服饰上，中原主流文化对畲族文化的入侵和浸染主要来自于历代统治者的政治压迫和招抚教化。

自唐代"平蛮开漳"以来，被称为"蛮"的畲族一直遭受着封建统治阶级的残酷压迫和分化瓦解。直至明末每个朝代都有朝廷派兵平畲的记载：宋代，朝廷镇压了"壬戌腊"漳州畲民起义；元代，镇压和分解抗元畲军；明代，镇压江西赣州府畲民起义，增设"营哨守把"[2]62, 63。这些残酷清剿和封建强化统治直接导致了畲族的大规模迁徙。可以想见，在长逾千年的避难历程中，畲民为了躲避杀戮，不得不隐藏自身的身份，将作为"妖氛之党"标志的"椎髻卉裳"进行改易。直至明末，畲族普遍"椎髻跣足""不巾不履"，服饰越来越趋近简朴无华。

从宋代开始，封建统治者就对畲族采取剿抚并举的政策。其中，明代王守仁的教化心学主张收效尤其明显。如前文所引《平和县志》[10]记载，明初到清初的三百年间，平和县畲民已被当地汉人慢慢地同化，甚至"化为齐民""忘其所自来矣"。包括服饰文化在内的"饮食、衣服、起居、往来"各方面社会生活也被汉化，服饰特征逐渐与当地汉人相同。而这一服饰文化的转变正是"抚瑶""绥靖""羁縻"之后畲族逐渐接受汉文化的结果。

清末，畲族曾主动顺应政府服饰改易的号召。福州《华美报》己亥（清光绪二十五年）四月，刊登了福建按察使司的盐法道曾发表的《示谕》："有一种山民，纳粮考试，与百姓无异，惟装束不同，群呼为畲。山民不服，特起争端"，因此，"劝改装束与众一律，便可免此称谓"，而结果是畲民"无不踊跃乐从"[2]62。这充分体现了当时位于主流的汉文化对于畲族文化强大的感召力量。

（6）心理因素——模仿心理

19世纪末法国 G．塔尔德（G. Tarde）曾提出，模仿是人类的主要心理，也是文化发展、变迁的主要动力。特别是当模仿受到阻碍、怀疑或反对等刺激的时候，人类会运用新的方法和手段进行模仿而达到目的，这是一个循环往复、无止境的社会文化过程，也是其变迁的动因[12]。

畲族是一个杂散居的少数民族，与作为中国主体民族文化的汉族传统文化相对而言，畲族传统文化是一种弱势文化。文化上的弱势地位使畲族形成了既自尊又自卑，对汉文化既模仿又抵御的民族文化心理[17]。《建阳县志》载："嘉庆间有出应童子试者，畏葸特甚，惧为汉人所击，遽冒何姓，不知彼固闽中旧土著也"。可见清代部分畲民由于"惧为汉人所击"，在自卑心理的诱导下，接受汉族习俗和文化，甚至改名换姓，"不知彼固闽中旧土著"。

1.2.2 传承因素

畲族服饰虽然在政治动荡、社会变革、经济发展、文化浸染、种族流变和宗教洗礼等一系列历史进程中一直不断地发展变化着，但是不可忽视的是，在从远古至今的漫长岁月中，畲族服饰中所体现出的文化内核却穿越千年，历久弥新。

（1）民族信仰因素——盘瓠崇拜

畲族传统文化以畲族的原始信仰——盘瓠崇拜为核心，它也反映了畲族人民"尊宗敬祖"的人文精神。据畲族史诗《高皇歌》（又名《盘瓠王歌》）记载，畲族始祖五色神犬盘瓠生于高辛帝皇后耳中，因平番有功金钟下变身为人后娶三公主为妻，而后定居广东转徙闽浙。畲民以"盘瓠（也作'盘护'）""狗王"之后自居，将盘瓠图腾崇拜代代传承下来。南宋刘克庄著《漳州谕畲》载："余读诸畲款状，有自称盘护孙者"。清代古田畲妇"以兰布裹发，或带冠，状如狗头"。学者们普遍认为，畲族确是笃信盘瓠的一个民族。"好五色衣服，制裁皆有尾形""椎髻卉服"的服饰特征都是图腾崇拜在畲族服饰中留下的遗迹，服色鲜艳源于盘瓠"毛色五彩"，而以衣摆（裙摆）前短后长为代表的"制裁有尾形"源于对盘瓠犬型的模拟[18，19]。可见畲族人民的服装，其意义更多地在于表达着他们对祖先的缅怀与崇仰之情。盘瓠崇拜作为畲族人民内心的民族认知心理，跨越千年仍然深刻遗留于畲族民族文化中。直至今日我们仍可在畲族服饰中发现这一文化核心的表象：畲族新娘沿袭盘瓠之妻三公主的装束，着"凤凰装"，她们用红头绳扎的头髻，象征着凤髻；在衣裳围裙上刺绣出各种彩色花边，并镶绣着金丝银线，象征着凤凰的颈、腰部美丽的羽毛；腰后随风飘动金黄色腰带，象征着凤凰的尾巴；周身悬挂着叮咚作响的银器，象征着凤凰的鸣啭[19]。潮州饶平、潮安北部妇女戴"帕仔"的起源，也有一说是来源于凤凰山的畲族，"传说昔年石古坪村的始祖是狗头王，畲族妇女出门戴'帕仔'是为祖先遮羞"，后来他们同汉族关系日趋密切，畲、汉通婚，故此习俗便传播开来[20]。

（2）民族性格因素——反抗精神

一个民族不管怎样庞大、复杂，无论它的文化如何变迁，总有它的基本的文化精神及历史个性。正是这种文化精神和历史个性才赋予了一个民族文化性格，才使他们保持了民族的独立和个性。畲族自古就是一个勇于反抗的民族。一部畲族的发展史，可以说就是畲族人民反抗强权暴政的抗争史。唐代畲族英雄雷万兴、苗自成、蓝奉高为了反抗封建官府"靖边方"的政策，勇敢地与官军拼杀。元代畲族人民为了反抗元统治阶级的压迫，组建"畲军"起义，其斗争的烽火几乎燃遍了所有的畲族地区，如闽南陈吊眼起义，潮州畲妇许夫人起义，闽北黄华起义，以及闽、粤、赣交界处的钟明亮起义[21]。长期残酷的封建压迫激发了畲族人民内心不屈的反抗意识和民族情结，并在作为文化符号的服饰上表现出来。闽东霞浦县畲族新娘"内穿白色素衣，据说这是为了纪念被唐军杀害的父母亲人而流传下来"[2]282。宋元时期畲族起义军，也曾以"红巾"等鲜明的传统民族服饰风貌示人，借以彰显其共通的民族意识和反抗封建统治者的决心。

1.3　小结

本章梳理了汉唐、宋、元、明、清时期的畲族服饰文化变迁轨迹，将古代畲族服饰发展和演变的整个历程大致分为原始时期、多源融合时期、流徙从简时期和涵化成型时期四个时期。分析不同历史时期的畲族服饰在色彩、款式、装饰等方面所体现出的不同特色，以及畲族文化生活背景对服饰发展变化的影响。在此基础上分析畲族服饰变迁的规律，探讨和总结古代畲族服饰文化变迁的动因。影响古代畲族服饰文化变迁的因素可以归纳为引起其服饰演变的因素和促使其服饰传承的因素两个方面。演变因素又可分为生物因素、地理因素、经济因素、工艺发展因素、文化传播因素、心理因素等；传承因素主要集中在民族信仰因素和民族性格因素两方面。民族服饰的演变往往是多种因素同时作用的结果，反映着中华民族文化及凝聚力的形成与发展。

纵观畲族古代服饰文化逾千年的变迁，能看到闽越土著百越族群的衣饰身影，也能发现以客家文化为代表的汉族文化的渗透影响。畲族服饰文化的发展演变一直是在与周边各民族的融合中进行的。可以说，通过畲族服饰的发展历史，可以窥见中华民族大家庭中居于闽粤赣的各个民族在文化上的互相渗透、互相影响、互相吸收、互相融会的历程，可以窥见中华民族文明发展演变历史之一斑。

第 2 章 近代畲族服饰

　　在近代百余年的岁月里，各地畲族服饰与畲族人民一起经历着风起云涌的历史变革。本章以畲族主要聚居地浙闽粤赣地区的代表性服饰为例，管窥当时的畲族服饰风貌。

2.1 近代畲族服饰形制

2.1.1 近代丽水地区畲族服饰形制

结合表2-1中文献资料可知，从清末到民国期间，丽水地区畲族妇女头饰分为丽水式和景宁式，上装从交领直襟式过渡为圆领大襟式，下装渐从及膝短裙转变为宽口阔裤，颜色喜黑或蓝，流行镶饰衣缘，以宽丝带装饰腰际。正式场合穿黑底红花缀流苏的绣鞋，劳作时穿草鞋，在家穿木屐，贫者赤脚。男子穿质地粗厚的深蓝色布衣短褐[22, 23]。由于近代畲族男子服饰形制与汉人无异[24]12，故下文中不再赘述。

表2-1　文献中的近代丽水畲族服饰

文献来源	服饰色彩	服装款式	头饰	足饰	饰品	材质
魏兰（1866—1928）《畲客风俗》（1906年）	皆服青色；腰带赭色；鞋头绣缀红花	阔领小袖，与僧尼相似。袖宽五六寸，衣长二尺八寸许 　畲妇无裤，均着青裙，近来亦有改裙为裤者 　畲妇腰间，围以花带	畲妇额顶，带以竹筒。筒外包以花布，镶以银。筒后又饰红布，其旁缀以石珠。竹筒大寸许，长约二寸有奇。竹筒外，以赭色柳条布包之，又镶以银。筒后又有大红标布一条，长约尺余，阔一寸五分。石珠如绿豆大，其色或白、或蓝、或绿，以线贯之。每串长约二尺。畲妇之头，不髻不鬏，仅旋其发于后焉。畲妇之发，旋绕于后，遥视之，仿佛绳索然，但蓬松①耳。畲女不带竹筒，仅以花布为帽。花布亦系赭色柳条	畲妇赤足，不事包裹。天足无缠足之病 　畲妇做客，皆穿青鞋，鞋头绣以红花，并有短须数茎 　畲妇平时皆穿草履；唯往戚属，始穿布鞋 　畲妇在家，皆穿木屐。木屐形如π字，与日本人所穿无异 　无论男女，足膝之下，必以蓝布绕之（绑腿）	不用纽扣，仅系以带子；腰缚以花带，带宽二三寸	畲客衣麻，不服棉絮；近有衣布衣棉者 景宁之畲客，至今犹衣麻布，冬夏如斯也

续表

文献来源	服饰色彩	服装款式	头饰	足饰	饰品	材质
沈作乾《括苍畲民调查记》（1925年）	男子色尚兰；妇女色或兰或青，缘则以白色或月白色为之，间亦用红色，仅未嫁或新出阁之少妇尚之	男子布衣短褐；妇女衣长过膝，裤甚大，无裙腰围兰布带，亦有丝质者	妇女以径寸余，长约二寸之竹筒，斜戴作菱形，裹以红布，复于头顶之前，下围以发笄出脑后之右，约三寸，端缀红色丝条，垂于耳际	富者着绣履，兰布袜。贫者或草履，或竟跣足	耳环、指环，皆以铜质为之，受值不过铜元几枚而已	质极粗厚，仅夏季穿苎
史图博（德）、李化民《浙江景宁县敕木山畲民调查记》（1929年）		畲族男人穿着普通的短上衣和裤子，下雨时穿蓑衣，富裕的男人在过节时穿长衫妇女们普遍穿着老式剪裁的无领上衣，领圈和袖口上镶宽边，穿宽大的过膝裙	男子老人梳辫子，青年人都把头发剪短，大多数男人把脑袋前半部剃光，而把后脑勺的头发往后梳畲族妇女头饰最明显的特色是头笄	男子常穿草鞋妇女不裹脚，通常赤脚走路，只有在节日才穿鞋	男子戴竹篾编的斗笠妇女裙子上面包一条蓝色麻布小围裙，围裙带子是用丝线和棉纱线手工制作的宽仅3厘米的彩带	—
柳意城《畲民生活在景宁》（1947年）		女子服饰与汉人迥异。衣裳宽襟大袖，宽边绣花，长及膝盖；裤子亦绣花边	女子头部的装饰，以断竹为冠，珠绦（五色椒珠）累累，看样子很像篆文的"并"字。这种装饰，相传为其始祖母高辛氏公主之饰云。……即在当今时代，彼等仍如原始习俗	女子鞋子花绿满目		自织的麻布
中国人民政治协商会议浙江省丽水市委员会《丽水文史资料》记载中华人民共和国成立前畲族新娘服饰（1987年）	青色	上身穿青色布衣，胸前右衣襟及领圈镶四种颜色，花样不同花边的"通盘领"花边衣，袖口亦镶有花边；下身亦穿青色裤，裤脚绣有鼠牙式数种颜色结合的花纹	头部戴的是相传始祖高辛皇三公主所带凤凰冠，畲语称为"gie""髻"。髻的构造：丽水是用一个小竹筒，外包本族妇女自织的特种红色丝帕；竹筒前端镶一块圆的、有花纹的特制银片；在前额顶挂有银牌三块，称'髻牌'；头顶披有一块约一寸宽的红色绒布，由前额披向脑后；还有三串白色珍珠盘绕在外。景宁畲族妇女的髻结构更复杂，每对髻要十余两白银作原料	鞋的鞋面全部绣有花纹，前端束有红丝线的鞋须；袜是兰色土布靴形短袜	腰束自知（织）的兰色蚕丝锦带，锦带两端有约40厘米的带须，须上有新娘本人亲自编织的精致花纹，两端带须还钉有古铜钱各八个，在走动时可听到铜钱的撞击声。戴的银器饰品有银项圈、银链、银手镯和银戒指	布衣

① 原文引用。

（1）头饰

头饰作为畲族最具特色的服饰元素一直备受关注，早在1947年人类学家凌纯声先生就将畲族妇女头饰分为三种不同的类型：丽水道士畔式——简称丽水式；景宁敕木山式——简称景宁式;福州罗冈式——简称福州式[25]。下面分述属于丽水地区的丽水式和景宁式。

①丽水式:丽水式头饰如图2-1所示,主体为一根直径3~4厘米、长约7厘米的竹筒(图2-2)。竹筒从前额向后纵向放置至头顶,其上再裹以畲族妇女自织的特种红色丝帕。竹筒前端镶一块有特殊花纹的圆形银片,称"髻牌"。银片后有一圈环绕竹筒的银环。竹筒两侧分别连接有三串白色珠链(又一说为"五色椒珠"[26]),从前额盘绕至脑后以固定头冠。脑后右方斜插一只约10厘米长的银发钗(图2-3),发钗顶端缀红色丝绦,垂于耳际[23][27]。

从图2-1中也可看出丽水式发式是将头发分为上下两部分,上半部分先于左侧束紧,加Z向捻,沿左耳后盘至脑后脖颈上方再继续盘至右脑上方。下半部分的头发隐于其下,用以增加发式的体积感。

根据历史文献及勇士衡等学者1934年于浙南进行田野调查所拍摄的照片(图2-4)可知,丽水式头饰主要流行于以丽水莲都区碧湖镇道士畈村为代表的除景宁外的丽水其他地区,其造型与魏兰先生在《畲客风俗》(1906)中所绘畲妇画像(图2-5)基本相符,说明至少在20世纪前30年内丽水式畲女头饰的传承相对稳定。

| 正面 | 左侧 | 右侧 | 背面 |

图2-1 近代丽水式头饰

图片来源:1934年勇士衡摄,原图存于台湾研究院历史语言研究所。

图2-2 丽水式畲族头饰主体——竹筒冠

图片来源:http://ndweb.iis.sinica.edu.tw/race_public/System/frame_3.htm(台湾研究院历史语言研究所—中国西南少数民族资料库—民族文物资料库)。
文物信息:典藏登录号:A00000797;分类号:畲003;品名:竹筒冠;原记录族称:畲民;官方族称:畲族;采集地点:浙江处州。
今所属地区:中国浙江省丽水市景宁自治县(编者按:民国时处州应为今丽水地区,且结合收集者勇士衡先生同期田野调查时所拍摄的畲族照片的地点信息,这次调查应分布丽水地区各处,而非景宁县,故疑此处信息有误。)
收集时间:1934年;收集者:凌纯声、芮逸夫、勇士衡。

图 2-3　丽水式畲族银发簪及其细节

图片来源：台湾研究院历史语言研究所。
文物信息：典藏登录号：A00000798；分类号：畲004；其他信息从略。

图 2-4　勇士衡先生于 1934 年在浙江丽水地区拍摄的头饰照片

图片来源：1934 年勇士衡摄，原图存于台湾研究院历史语言研究所。1934 年 5 月，凌纯声、芮逸夫、勇士衡等到浙江旧处州府所属丽水、景宁、云和、遂昌、松阳、龙泉、宣平（今属武义县）等地考察畲族生活状况和社会生活。凌纯声根据此项调查写成《畲民图腾文化的研究》，探讨了畲族起源、艺术、禁忌与宗教及外婚制关系。

A：丽水道士畎老妇照，局部（莲都区碧湖镇）　　　B：丽水云和街上妇人买布照，局部（云和县）

C：丽水沙巷蓝成法全家照，局部（青田县）　　　　D：丽水蓝成宝妻照，局部（青田县）

E：丽水山根蓝进玉之女照，局部（莲都区）　　　　F：丽水山根沃门下蓝姓家族女子照，局部（莲都区）

G：丽水山根陈贤家族女子照，局部（莲都区）　　　H：丽水山根蓝新荣之祖父母及其二妹照，局部（莲都区）

I：丽水山根蓝进玉夫妇照，局部（莲都区）

图2-4中H和I所示妇女装扮尤为隆重，在髻牌前有两根长珠链直垂到胸前，再分别绕回耳侧，脑后两侧依稀可见红布覆头，披至左肩。应比其他头饰多用了一副含长珠链的"梳插"（图2-6）。其服饰也与其他图片所示大相径庭。盖因她们的身份为畲族宗教体系中的"西王母"，所着服装称为"大同衫"。

仔细分辨不难发现，图2-4中C、D和H所示竹筒冠下还有一圈黑布围于头部，起着束发和便于固定头饰的作用。其内部如图2-7所示由薄竹篾盘绕而成，称"笋心"。由图2-8可知，民国时丽水式头饰也有将从髻牌延伸出的珠链改为布条，系于脑后的情况。

②景宁式：景宁式近代头饰如图2-9、图2-10所示，头饰主体是放置于前额到头顶上的一个10厘米长的三棱柱木支架。支架上罩着黑色棉布，其前面和两侧上部镶有薄银片。两根小银棒分别从木架中部和尾部向后上方延伸连在一起，形成头饰尖端。尖端用一条细长的红布同木架前端连在一起。支架前端挂着一排11串约20厘米长、用白色玻璃珠做成的链子，形似面纱。头饰尖端和前端通过四根约一米长的白色玻璃珠链子相连。佩戴时将这些链子从前额盘绕至脑后以固定头冠。头后右方也插一只银发簪，由一根红黑相间的玻璃珠链与木支架前端相连。发簪上还系有两串银饰，佩戴时垂于右耳际[24]14。

图2-5　清末《畲客风俗》插图——畲妇

图2-6　丽水式畲族妇女梳插

图片来源：台湾研究院历史语言研究所。

文物信息：典藏登录号：A00000850；分类号：畲056；其他信息从略。

图2-7 畲族头饰——笄心

图片来源：台湾研究院历史语言研究所。

文物信息：典藏登录号：A00000806；分类号：畲012；其他信息从略。

图2-8 集市上的丽水畲民

图片来源：任美锷摄于民国。

图2-9 1929年景宁式头饰[24]图录页

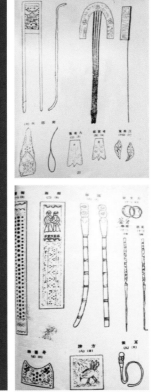

图2-10 《敕木山畲民调查记》中景宁式畲族头饰插图

（2）上衣

魏兰先生（笔名浮云）曾在《畲客风俗》一书中将清末云和县畲族服饰描述为"阔领小袖，与僧尼相似，衣不用纽扣，仅系以带子"。清代僧尼服沿用明朝旧制，领襟形式一般采用交领直襟，以带子固定；而清代主流服饰常用满族传统旗式圆领大襟，从领口起沿衣襟设有一字纽——即以纽襻系扣。由此可知，清末丽水地区畲族上衣曾普遍为如图2-11所示直襟交领衣。

1929年夏天，德国学者史图博和中国学者李化民走访浙江景宁敕木山地区，撰写了《浙江景宁县敕木山畲民调查记》。根据其记载："畲族妇女们普遍穿着老式剪裁的无领上衣，领口和袖口上镶阔边"。"老式剪裁的无领上衣"很有可能是指沿袭旧制的直襟交领衣（图2-9）。若确实如此，则说明景宁畲族妇女的服饰从清末到民国中期都保持着较好的传承性。

与此相反，如图2-12所示，据凌纯声等学者的田野调查显示，1934年丽水地区多地畲族女上衣均呈圆领大襟衣形制，已与清末时截然不同。上衣领口和前襟处常以彩色绲边和贴布花边作为装饰。穿着时，常翻折袖口露出白色贴边。内穿如图2-13所示肚兜。

（3）下装

1906年出版的《畲客风俗》中表述："畲妇无裤，均着青裙，近来亦有改裙为裤者"。沈作乾《括苍畲民调查记》（1925）记载："妇女……腰围兰布带，亦有丝质者。裤甚大，无裙"。可见下装在清末时就开始逐渐从及膝短裙向宽口阔裤转变，到民国初年，裤装已成为丽水地区畲族女性较为普遍的下装款式（图2-14、图2-15）。

图2-11 《畲客风俗》载清末畲族风貌

图2-12　近代丽水式畲族女上衣

图片来源：台湾研究院历史语言研究所。

左图文物信息：典藏登录号：A00000795；分类号：畲001。右图文物信息：典藏登录号：A00000837；分类号：畲043；其他信息从略。

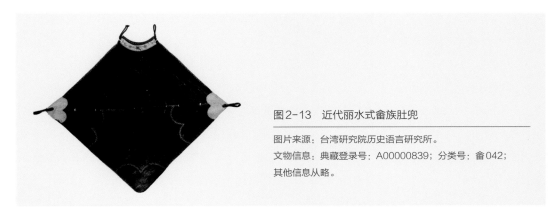

图2-13　近代丽水式畲族肚兜

图片来源：台湾研究院历史语言研究所。

文物信息：典藏登录号：A00000839；分类号：畲042；

其他信息从略。

图2-14　民国畲族风貌

图片来源：勇士衡于1934年摄于浙江青田县鹤城镇文头村——蓝成志家族。

原图存于台湾研究院历史语言研究所（编号：SH-P-00-001047）。

图 2-15　近代丽水式畲族女裤

图片来源：台湾研究院历史语言研究所。
文物信息：典藏登录号：A00000838；分类号：畲044；其他信息从略。

而根据《浙江景宁县敕木山畲民调查记》（1929年）记载，景宁畲族妇女"穿宽大的过膝裙"，可知景宁地区畲妇下装和其头饰、上衣一样，异于丽水的其他地区，保持着相对独特的风貌和独立的发展轨迹。浙江省博物馆收藏有一条类似半身裙（图2-16），该裙裙长64厘米，下摆约及小腿。整条裙由四片裙片组成：左右各两片以布幅为宽度的长方形裙片，中间片分为上下两片小长方形。故可知裙宽约为布幅宽的2.5倍，整条裙用料为裙长的2.5倍。这样的裙结构使得裁剪可100%利用面料。裙腰部靠中间位置以蓝色布绲边，增加其耐磨性和牢固性，并在左右侧腰位置进行缩褶，以适合人体腰胯结构。

参见图2-5可知清末时畲民常着绑腿，畲语称"脚绑"，其平面展开为一令旗式直角梯形，颇具特色。如图2-17所示，单个绑腿为一块长方形面料两头向中心折叠后缝制而成，折叠时一端对折，另一端沿45°对角线折叠。绑腿用料均为宽度约20厘米、长度约60厘米的长方形。值得注意的是，这样的长方形的结构十分规整，可以通过对面料进行完全分割而得到，不产生任何边角料，从而达到了用料零损耗。

近代畲族妇女也常于腰间系围裙，畲语称"拦腰裙"，围裙下摆和两侧系带常以编织手法增添装饰之趣（图2-18、图2-19）。

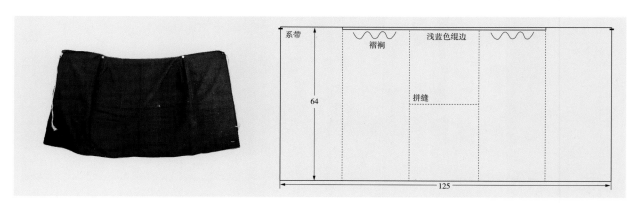

图2-16　畲族出嫁套裙及结构图（单位：cm）

文物来源：征集于景宁郑坑吴村雷一高，1998年收藏于浙江省博物馆，裙长64厘米，腰围62.5厘米。

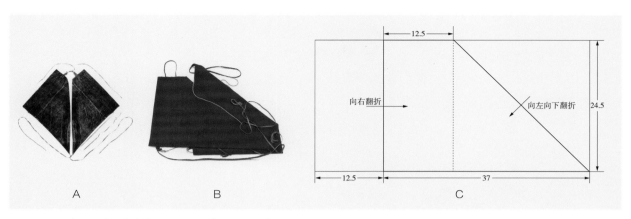

图2-17　近代丽水畲族青布脚绑及结构图（单位：cm）

图片来源：A：台湾研究院历史语言研究所。

文物信息：典藏登录号：A00000847；分类号：畲053；其他信息从略。

B：征集于丽水市云和县垟岗，1959年收藏于浙江省博物馆。面料为藏青色棉布，外观呈直角梯形，直角边两端各连接一条83厘米长绑带。

C：为B结构图。

图2-18　近代丽水畲族围裙

图片来源：台湾研究院历史语言研究所。

文物信息：典藏登录号：A00000828；分类号：畲034；其他信息从略。

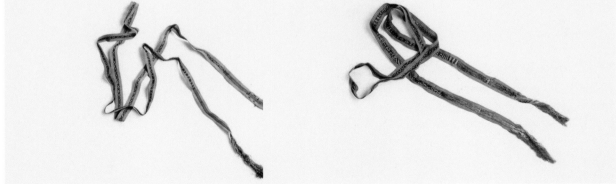

图2-19　近代丽水畲族丝带

图片来源：台湾研究院历史语言研究所。

左图文物信息：典藏登录号：A00000812；分类号：畲018。

右图文物信息：典藏登录号：A00000804；分类号：畲010；其他信息从略。

（4）足衣

据表2-1可知，近代畲族妇女不缠足，上山或赶集时穿木屐（图2-20）或草鞋（图2-21左图），平时也常赤足（图2-21右图），会客时穿缀有红须的绣花鞋（图2-22、图2-23）。景宁畲族足衣与其他丽水地区没有明显差异。

图2-20　近代丽水畲族木屐

图片来源：台湾研究院历史语言研究所。
文物信息：典藏登录号：A00000812；分类号：畲018；其他信息从略。

图2-21　民国畲族风貌

图片来源：台湾研究院历史语言研究所，勇士衡于1934年摄于浙江丽水。
左图信息：云和街上畲民购物（丽水地区云和县）。
右图信息：丽水妇女饲蚕（丽水市莲都区碧湖镇道士畈村）。

图2-22　近代景宁畲族绣花鞋

图片来源：《浙江景宁县敕木山畲民调查记》插图。

图2-23　近代丽水式绣花鞋

图片来源：台湾研究院历史语言研究所。
文物信息：典藏登录号：A00000796；分类号：畲002；其他信息从略。

（5）饰品

据沈作乾《括苍畲民调查记》（1925 年）记载，畲族饰品包括耳环、指环，"皆以铜质为之，受值不过铜元几枚而已"。据 1934 年凌纯声等学者的田野调查显示，丽水地区畲族饰品大多为银质，包括指环（图 2-24）、耳环（图 2-25）、项圈（图 2-26）、手镯（图 2-27）、绣花手帕（图 2-28）等，造型机巧，颇有趣味。

（6）童装

如图 2-29 所示，近代畲族童装为长衫长裤或短衣阔裤，与周边汉族无异，偶有戴装点银饰的虎头帽。

图 2-24 近代丽水银指环

图片来源：台湾研究院历史语言研究所。
左图文物信息：近代丽水螺旋形银指环，典藏登录号：A00000801；分类号：畲007；
右图文物信息：近代丽水九连环银指环，典藏登录号：A00000845；分类号：畲051；
其他信息从略。

图 2-25 近代丽水银耳环

图片来源：台湾研究院历史语言研究所。
文物信息：典藏登录号：A00000836；分类号：畲042；
其他信息从略。

图 2-26 近代丽水银项圈

图片来源：台湾研究院历史语言研究所。
文物信息：典藏登录号：A00000 848；分类号：畲054；其他信息从略。

图 2-27 近代丽水银手镯

图片来源：台湾研究院历史语言研究所。
文物信息：典藏登录号：A00000 831；分类号：畲037；
其他信息从略。

图 2-28 近代丽水绣花手帕

图片来源：台湾研究院历史语言研究所。
文物信息：典藏登录号：A00000 805；
分类号：畲011；其他信息从略。

图 2-29 勇士衡先生于 1934 年在浙江丽水地区拍摄的照片

图片来源：1934 年勇士衡摄，原图存于台湾研究院历史语言研究所。
图片信息：左图为丽水山根沃门下蓝姓家族，右图为丽水西山畈雷水源家族。

2.1.2 近代平阳地区畲族服饰形制

如表2-2、图2-30所示，据古籍记载，近代温州平阳地区畲民服饰布衣缊袍，颇存古风。盛装时头上除戴凤冠外还遍插钗钏，且喜用红绿花纹装饰袖口襟边及鞋面，比之丽水地区显得更加华美。

表2-2　文献中的近代平阳畲族服饰

文献来源	服饰色彩	服装款式	头饰	足饰	饰品	材质
许蟠云、王虞辅《平阳畲民调查》（1934年）	衣多黑色。女衣之袖口襟边及鞋面，均喜织以红绿花纹，色鲜而纹繁	女衣长及膝，袖口以红绿相间之布条，作假袖四五层，致其来源相传，是裹昔内衣袖较外衣长，观袖层数之多少，即可知着衣之多少，其后乃作假袖以眩其着衣之多，降至现在，乃成饰品云。领下领口左右系红球两个，相传是昔帝后装饰男衣式样，与汉族乡人无异	顶上有帽，以二英寸许之毛竹管制成，外裹以布，上置以长寸许之长方形小板，板之两端，都以珠穗，两旁复赏以长珠串，经耳际垂于两眉。幅下周围，更以银制之花，遍插头上，复有珠串由前额垂及眼际	鞋有二式，鞋头有作方形者，有作六角形者，满织花纹。平日无论男女，均赤足不穿鞋袜，盖节省也	妇女之装饰，除衣服外，尚有钗钏之类，用助其美　其余耳环，指有约指，一如汉人	平阳虽不产棉，但买纱自织，非唯国货，且是土货。唯妇女系腰之绿色带子，间有用丝质者

（1）头饰

如前表2-2所述，近代温州平阳畲族妇女凤冠头顶上戴有用约5厘米长的毛竹管做成的头冠，头冠外用布包裹，再于其上放置一块长约3厘米的长方形小板，板的两端垂有珠穗，两边还有长珠串经过耳朵垂在两眉边。头饰四周还遍插银制头簪，另外还有珠串由前额垂到眼际。

如图2-31所示，近代温州平阳畲族妇女常喜戴含有银片流苏的钗钏，遍插满头。细查图2-31可见妇女两耳畔垂下的凤冠上的白珠链，故可知钗钏常与凤冠同时使用。

图2-30 《平阳畲民调查》中所载照片资料

图 2-31 《平阳畲民调查》中所载照片资料——妇女头饰

（2）上衣

　　如图 2-32 所示，平阳式畲女上装领部呈复式结构，分大领和小领。领面颜色多选用水红、水绿，加绣花纹。领子上的刺绣，通常图案有牡丹、莲花等花卉。盛装领口装饰两颗直径约 2 厘米的红绿相间的绒球，球底托十几片布叶子，球心镶各色料珠，有的还饰以小银片，俗称杨梅花。右边大襟襟边腋下垂两条桃红或大红绣花飘带，长过衣裾。上衣右前襟绣有大面积色彩鲜艳的勾形适合纹样，刺绣题材灵活多变，人物及动植物造型生动活泼。袖口贴边，配以红色布条，或加绲其他颜色的布边，以仿多层卷边。据说过去叠穿多层服装者多家境殷实，故畲女纷纷在袖口模拟出穿有多层上衣的效果以表富裕，渐至成俗。上衣两侧衣衩内缘绲镶红色贴条。

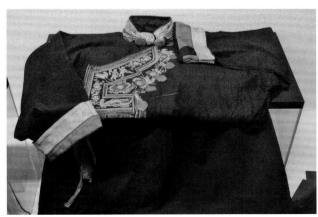

图 2-32　近代平阳畲女服

文物来源：厦门大学人类学博物馆。该馆是中国大陆第一所人类学专科博物馆。其创建者兼第一任馆长林惠祥先生在抗日战争时期曾从事东南亚和中国东南地区考古发掘和民族调查研究，1951 年将搜集的人类学珍贵文物图书捐献给该馆。

由图2-33可见，近代温州平阳畲族男子礼服为大襟右衽士林蓝长衫，与同时代汉人无异。

（3）童装

如图2-34可见，近代温州平阳畲族童装以大襟右衽及膝袍服为主，下穿阔裤，有的头戴童帽。

2.1.3　近代福州地区畲族服饰形制

福州是我国海上丝绸之路的门户，也是近代中国最早开放的五个通商口岸之一，吸引了大量对东方文化感兴趣的西方学者。他们通过亲身游历，记述下关于近代福州畲族风貌的珍贵文献。如美国传教士武林吉（F.Ohlinger）于1886年7月对福州城北黄土岗和连柏洋两个畲族村落进行了田野调查，其记录《访福州附近的畲民（山宅）》发表于同年第17期美国《教务杂志》[28]。1884年，英国汉学家庄延龄（E.H.Parker）通过在福建与浙江两地的考察撰写了《从福州到温州的旅程》和《福建的旅程》，文中概括性地对浙、闽地区畲族服饰进行了现象描述[29]。另外，美国旅行家和地理学家威廉·埃德加·盖洛（William Edgar Geil）于1911年通过对中国18个省会城市进行的考察撰写了《中国十八省府》，书中第二章中也细致描写了福建畲族的祖先传说和福建畲民的服饰[30]。

据表2-3所示近代畲族服饰文献和图像资料显示，各研究者均将目光聚焦于畲妇头饰，故可知近代福州地区畲族服饰与当时主流服饰的最鲜明区别在于妇女头饰。妇女上衣沿袭交领直襟的旧制，以精致层迭的贴边为装饰特色。下装常仅着及膝中裤，不缠足，赤足而行。

图2-33　《平阳畲民调查》中所载照片资料——畲民家庭形象

图2-34　《平阳畲民调查》中所载照片资料——畲民之幼童

表 2-3　文献中的近代福州畲族服饰

文献来源	头饰
[美]武林吉（F.Ohlinger）《访福州附近的畲民（山宅）》（1886 年 7 月）[①]	由一根锡制或银制的直径1.5～2英寸、长4～6英寸的针管构成，横插于盘起的发髻上，头发则包围成圆形状，发髻由一根微小的木制、银制或牛角制成的锚状物穿过其边缘，顶部一直垂到肩膀；发髻另一端穿着一片金属片，一直垂到眼角，在这一端还垂着明艳的穗缨和连串的珠琏一直垂到肩膀，垂到锚状物的那一头。穗缨和连串的珠琏一起遮住脸庞
[美]威廉·埃德加·盖洛（William Edgar Geil）《中国十八省府》（1911 年）	即使到今天，这些北方山区的妇女在她们的发型前面还有一束流苏 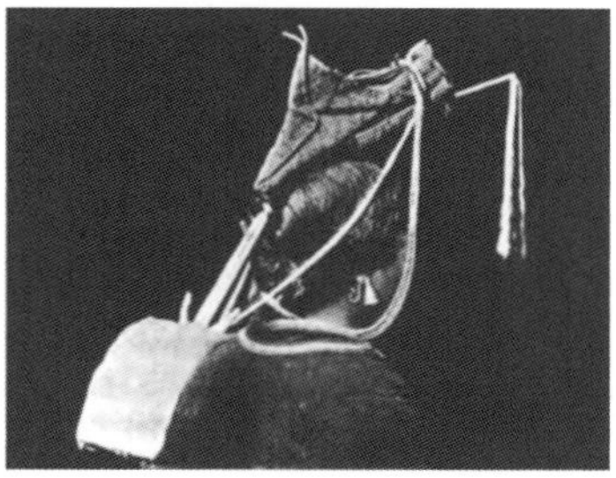
凌纯声《畲民图腾文化的研究》（1947 年）	福州式的头笄，头身尾三部分的分别最为显明，如图：  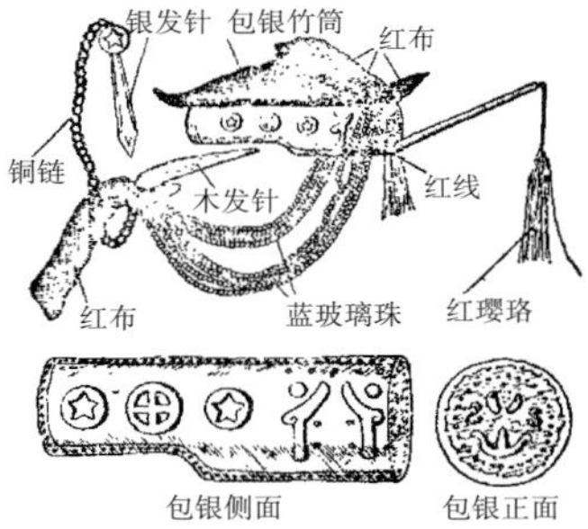

① 该文所考察的黄土岗村位于福建省福州市东北部北岭山区，距福州市区中心18公里。全村辖黄土岗、连柏洋两个自然村，全村55户，黄土岗主村村民雷姓，连柏洋村民蓝姓，均是畲族村。唐代属闽县稷下里，宋太平兴国六年(1981年)改属怀安县，元代里改都，属怀安县六都，明代属侯官县，清代属侯官县大北岭，民国时期属闽侯县新店区。1949～1961年分属闽侯县八区(石牌区)、北峰区、北峰公社，1962年初划归福州市郊区，先后分属北峰、宦溪公社、宦溪乡、宦溪镇。

（1）头饰

人类学家凌纯声先生描述民国时期福州罗冈式（简称福州式）畲族妇女头饰为明显的三部分组成[25]，这与传世照片（图2-35）一致：前部为一彩穗流苏；中部是在一个覆盖着银片的筒形上方再架起一座三角形布帐；后部为披着一片矩形布片的发簪，插入中部下的发髻内。

（2）上衣

如图2-36～图2-38所示，清末罗源式盛装衣长及膝，前后片等长。其款式特色在于后片开领处有4厘米立领，连到前片斜襟，两襟交叠，自然形成领窝，是介于直襟交领和大襟圆领之间的巧妙设计。领部、肩部、袖口处均有绣花。老年妇女上衣如图2-39所示，服装结构相仿，但是仅装饰以数层红白相间的绲边，不刺绣。

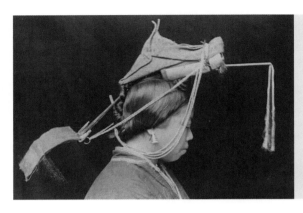

图2-35　19世纪末福州畲族头饰[31]

图片来源：伊莎贝拉（Isabella L.）在《长江流域及其腹地》（The Yangtze Valley and beyond，1898）一书中引用该图，并标明"福州以北40英里"（约62公里）。以此距离推算，或为今福建省福州市罗源县霍口畲族乡附近。

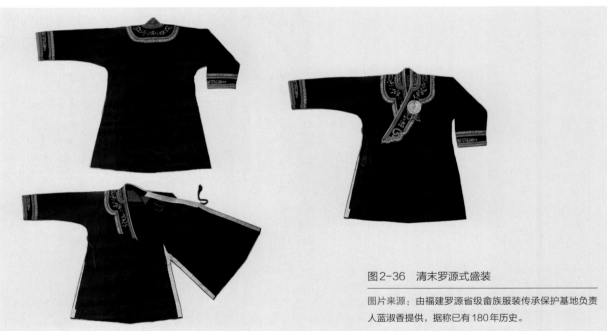

图2-36　清末罗源式盛装

图片来源：由福建罗源省级畲族服装传承保护基地负责人蓝淑香提供，据称已有180年历史。

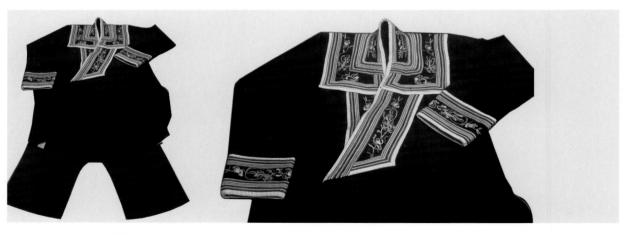

图2-37　近代罗源式畲族妇女服

文物来源：厦门大学人类学博物馆。

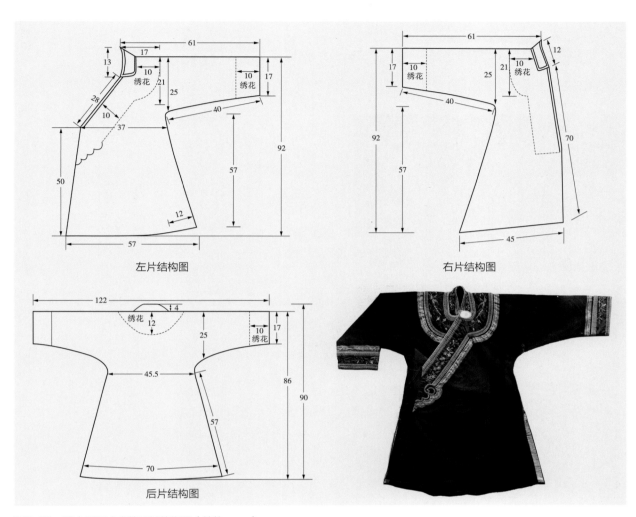

左片结构图

右片结构图

后片结构图

图2-38 清末罗源式盛装及其结构图（单位：cm）

文物来源：福建宁德中华畲族宫藏品。

图2-39 清末罗源式老年畲上衣

文物来源：畲族服饰制作技艺国家非遗传人福建罗源竹里村兰曲钗。

（3）下装

如图2-40所示，《中国十八省府》一书中福州部分老照片呈现了当时福州畲族妇女的形象。中间两位畲族妇女下着及膝紧身中裤，赤小腿，跣足，精干爽利。

图2-40　清末民初罗源式服饰

图片来源：William Edgar Geil. Eighteen Capitals of China:59.

2.1.4　近代江西地区畲族服饰形制

明代中期，聚居在福建汀州一带的畲民，不堪封建统治者压迫，先后向浙南、闽北和赣东北的铅山、贵溪等地迁徙，江西畲民主要居住在樟坪、雷家山、太岩、老屋基等地。如今，当地畲族人民与汉人长期杂居，生活方式已趋于汉化，但仍保留着特有的民族素质，在风俗习惯上也有本民族特色。如表2-4所示，江西畲族服装和饰物美丽多姿。但旧社会畲族人民终年辛劳却不得温饱，常年只能穿着"褊裢衣衫"或"男女椎髻跣足"，这样的记载与文献资料上也不少见。如第二章所述，至迟到1990年，畲族妇女的头饰还是以花边巾覆头为主，男子着狗耳巾。

表 2-4　文献中的近代江西畲族服饰 [32, 33]

文献来源	服饰色彩	服装款式	头饰	足饰	饰品	材质
《贵溪樟坪畲族志》记载贵溪畲族服饰	明清以来　青；黑	男子穿无领青布短衫，无腰直筒裤；妇女袖口和右襟镶黑色花边	妇女发饰改梳高头，盘髻于顶，以尺许锈（编者按：疑为"绣"）边蓝色巾覆之	—	—	妇女以家织夏布为衣
	1949年以前　—	—	男子扎头巾；已婚妇女梳高头髻，未婚女子梳辫子	—	—	—

续表

文献来源		服饰色彩	服装款式	头饰	足饰	饰品	材质
周沐照《江西畲族略史》（《江西文史资料选辑》第七辑）记述近代江西畲族服饰（1981年）	劳动服饰	—	—	少女发型为独辫，扎以红绒线	打赤脚或穿草鞋，草鞋为稻草和布条混织，结实耐穿，走路咯咯有声	男女腰间都围独幅青蓝色腰裙（围裙）　有的男人还戴独耳环，女人则（戴）双大耳环	—
	节日服饰	比较鲜艳	因地区不同，式样有所差异。男人穿大襟褂和直筒裤，襟边和袖口缀有花纹。妇女穿的衣服大都为绣花衫裙，图案为各种花鸟及万字纹或云头纹，富有民族风格，色彩非常鲜艳美丽	妇女喜插银质或白铜钗	—	—	—
	结婚礼服	—	新郎着青色长衫，襟和胸前有一方绣花龙纹；新娘着五色衣裙	新郎为红顶黑缎官帽；新娘冠以头饰，有的地方畲族女子结婚时头戴"凤冠"，插有银簪	新郎着黑色布靴；新娘穿绣花鞋	—	—

在鹰潭市政府组织编写的《贵溪樟坪畲族志》（评审稿）中，记述有贵溪畲族曾经的服饰风貌，与周沐照先生所述相仿。书中提到一个服饰细节："已婚妇女头发向后梳，在脑后盘成螺状髻，发际饰以二寸许的角状螺垂形（编者按：疑为锤形）竹筒，以示爱情忠贞不二"，说明江西畲族头饰的外观及象征意义与罗源式颇为相似，是为当地实况抑或是转引表述罗源式的文字，还有待探究。

2.1.5　近代广东地区畲族服饰形制

畲族是广东早期的居民之一，隋唐时期就已定居在粤赣闽三省交界地。闽浙地区的畲族一直流传自己的祖居地在广东潮州的凤凰山。广东省畲族虽然在历史发展的长河中占据了极其重要的历史地位，但至近代其自身特征已深度淡化。据文献记载，畲族过去是"男女椎髻箕踞，跣足而行"[34]。到近现代，广东畲族男女服饰与汉族人的穿着并无区别。据老人回忆，过去是男耕女织，种苎麻纺纱织布，蓝靛染色，手工缝制。清代，着长袍马褂，留长辫，有官职者按官阶佩戴帽缨，着马蹄袖长袍。妇女衫长过膝，大襟无领，以不同颜色的布条镶边为装饰；裤宽阔，鞋绣花呈船形，耳戴银坠，手戴银镯，头盖绣花帕巾。至民国以后，衣着全部汉化，尚青、蓝、黑三色的粗布衣，无装饰[35]。

2.1.6　近代畲族宗教服饰形制

宗教服饰在畲族服饰体系中占有重要地位，承载着畲族文化精神中最核心也曾最为隐秘的讯息。在华东畲族地区，其宗教体系基本雷同。如表 2-5 所示，畲民的地位通过"传师"（通过模仿始祖盘瓠学法的仪式加入宗教体系）的延续与否或"举祭"（主办祭祖仪式）的次数多寡来区分[27]37。男子经过"学师"之后当"保举师"（相当于入教介绍人）时，其妻在传师活动中担任"西王母"着"大同衫"[36]281。

表 2-5　浙江景宁畲族宗教体系

分类		称谓	要求	职权	宗教类别	礼服（寿衣）	其妻服饰
可参加族内宗教活动的神职人员		学师	经过传师	拥有自己的法号；有做巫师的资格	巫道结合	赤衫	—
			其子亦传师	拥有自己的法号；有做巫师的资格；地位更高	巫道结合	乌蓝	大同衫
可主持族内宗教活动的神职人员	文道	先生	有一定文化；拥有专门经谍；受过专门训练（诵经等）	可主持族内宗教活动"功德"等	巫道结合	红袍/乌蓝	—
	武道	师公	受过专门训练（舞蹈等）	可主持族内宗教活动"拔伤"等	原始巫术	红裙牛皮冠	—

（1）赤衫

根据《丽水文史资料·第4辑》记载："经过传师学师的人所穿的'法衣'，其式样是大襟长衫，不用扣子（用带缚）。一代学师穿红色，名为'赤衫'，传给下一代的则穿青色，名为'乌蓝'。赤衫、乌蓝都镶有月白色布边，还配有同样颜色的无顶帽，帽有两条带往前胸挂，名为'水古帽'。这种衣帽只在举行传师学师仪式和学师人死后做功德才穿戴，学师人死后必须穿戴这种衣帽殡殓"[27]37。

"学过师的人，男子年40以上要为自己的后事准备几件事：1.用红布做好'赤衫'，称礼服；2.备好头冠；3.写好'学书二十四谍书'，是圣旨的意思，备做功德用；4.刻一颗有'日月紫微星太上老君'木质方印；5.准备好八尺红布死后缚在头上，两头下垂到小腿。这五件用布打成包袱，男的叫'学师包'，女的叫'更缘包'。每年翻晒一次，死后才准子女打开"[37]。

据《龙游县志》载："畲民礼服有青有红，长三尺，袖大一尺，缘以兰布，约一寸五分，于祭其祖时用之"[38]。

以上古籍中的描述与浙江省博物馆和台湾研究院历史语言研究所收藏的传世实物相符，即传统赤衫为用带系缚的红色大襟或对襟长衫，长三尺，袖大一尺，镶有约一寸五分宽的月白色或蓝色布边（图2-41），配有同样颜色的无顶飘带帽（图2-42）及一颗"日月紫微星太

图2-41　民国畲族红绸功德衣

资料来源：民国畲族红绸功德衣，收藏于浙江省博物馆，衣长152厘米，连袖宽120厘米。民国畲族宗教传统服饰，畲族男性生前主持畲族传统祭祖仪式"做功德"时穿着，去世时作为寿服入殓。衣身宽大，对襟，连袖，侧边开衩。面料为红色绸料，沿领口、襟边、袖口及下摆镶一道蓝色宽贴边，前身近腰处有两根蓝色系带。

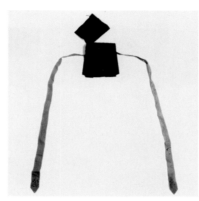

图2-42　畲族祭祖用青缎帽

图片来源：台湾研究院历史语言研究所。
文物信息：典藏登录号：A00000799；分类号：畲005；其他信息从略。

图2-43　畲族太上老君印

图片来源：台湾研究院历史语言研究所。
文物信息：典藏登录号：A00000822；分类号：畲028；其他信息从略。

上老君"木质方印（图2-43）。这与在畲族地区实地调研了解到的情况也基本一致❶。

（2）乌蓝

若学师之子也经"传师"，则学师改着乌蓝。如图2-44、图2-45所示，乌蓝与赤衫仅颜色不同，为对襟或大襟阔袖长衫。

（3）大同衫

如图2-46、图2-47所示，大同衫即"学师"的夫人所穿宗教服饰。据记载："祭过祖者可以穿红衣，其子再祭，又换著青衣，又提一级，其妻亦可穿绿衣红裙，可得尊号'西王母'"[36] 281。与乌蓝上配"老君"印雷同，大同衫附有"王母印"一枚（图2-48），下装常搭配如图2-49所示红腰裙，裙下摆带有类似马面裙阑干结构之装饰。

---

❶ ★ 2004年2月16日～3月9日、2004年11月29日～12月5日收集于浙江省丽水市景宁畲族自治县文物保护管理委员会雷光正（35岁，男，畲族）、王景生（52岁，男，汉族），樊力中（43岁，男，汉族）、夏玉梅（42岁，女，汉族）等同志。
★ 2004年3月4日收集于浙江省丽水市景宁畲族自治县旱塔畲族神职人员雷和平先生（50岁，畲族）。
★ 2004年5月2日、2004年6月18日～28日、2004年12月7日～9日收集于浙江省温州市平阳县青街畲族乡雷必彬先生（80岁，畲族）、钟炳柔（40岁，畲族）畲族道士雷朝斌先生（41岁，畲族）。
★ 2004年5月20日收集于浙江省杭州市桐庐县莪山畲族乡张荷香女士（71岁，汉族）。
★ 2004年12月3日收集于浙江省丽水市景宁畲族自治县民族委员会雷先根先生（50岁，畲族）。

图2-44 民国畲族学师形象

图片来源：勇士衡于1934年摄于浙江丽水横坑——道士钟新和（年74岁）。原图存于台湾研究院历史语言研究所【编号：（底片）SM.028；（照片）SM.028；畲28，554】。

图2-45 近代畲族祭祖青绸衫

图片来源：台湾研究院历史语言研究所。文物信息：典藏登录号：A00000839；分类号：畲042；其他信息从略。

图2-46 畲族"西王母"形象

图片来源：勇士衡于1934年摄于浙江丽水山根——蓝进玉夫妇（局部）。原图存于台湾研究院历史语言研究所【编号：（底片）SM.072（照片）SM.072】。

图2-47 近代畲族祭祖绿绸衫

图片来源：台湾研究院历史语言研究所。文物信息：典藏登录号：A00000843；分类号：畲049；其他信息从略。

图2-48 近代畲族王母印

图片来源：台湾研究院历史语言研究所。文物信息：典藏登录号：A00000821；分类号：畲027；其他信息从略。

图2-49 近代畲族红腰裙

图片来源：台湾研究院历史语言研究所。文物信息：典藏登录号：A00000851；分类号：畲057；其他信息从略。

（4）红袍

据记载，做"功德"时，"祭师身穿特殊祭服，前襟绣有龙、麒麟，衣背绣有木鱼等纹饰的长衫，在死者灵前手舞足蹈，口里诵读祭词，内容主要为死者进行超度，有一套固定的仪式"[36]320。畲族"结婚或祭祖时穿礼服，一般为青色长衫，祭祖时则穿红色长衫。长衫的衣襟和胸前绣有龙的图案花纹，四周镶红、白花边，长衫的开衩处绣有白云，头戴青、蓝或红色方巾帽（有的是红顶黑缎官帽）❶，帽檐镶有花边，帽后垂着两条尺余长的彩色丝带，脚穿

---

❶ 据调查，此处所述"红顶黑缎官帽"为结婚时礼服。

白色布袜、园（圆）口白底黑色的厚布鞋"[39]。《龙游县志》中也有畲民"丧中最重作功德，然不用僧道，即以曾祭祖者八人，服青红各色之衣，在灵前念咒语或在祖先前歌舞，如此者一昼夜或二昼夜"[38]的记载。如图2-50所示，《畲客风俗》中也有关于祭祖的插图。

　　综上可知，以前主持文道宗教活动的祭师"先生"所穿服装为红色的长衫，衣襟和胸前绣有龙、麒麟，衣背绣有木鱼等纹饰，四周镶红、白花边，长衫的开衩处绣有白云，头戴青、蓝或红色方巾帽，帽檐镶有花边，帽后垂着两条尺余长的彩色丝带，脚穿白色布袜、圆口白底黑色的厚布鞋。

　　据田野调查，史料所载绣有纹饰、镶有花边的祭服已在畲族生活中无处可寻，只在位于福建宁德市的中华畲族宫中收藏有一件"祭祀袍"与文献记载相符（图2-51）。另在台湾研究院历史语言研究所1934年收藏的丽水畲族传世实物中发现一件"祭祖红袍"（图2-52），形制与前文所述"赤衫"相类似。

图2-50　《畲客风俗》插图——祭祖

图2-51　畲族祭祀袍

图片来源：2010年4月17日摄于宁德中华畲族宫（福建省宁德市金涵畲族乡亭坪畲族村）。

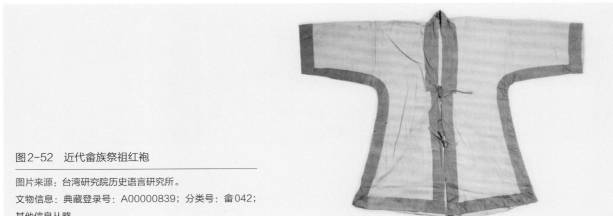

图2-52　近代畲族祭祖红袍

图片来源：台湾研究院历史语言研究所。
文物信息：典藏登录号：A00000839；分类号：畲042；
其他信息从略。

（5）红裙及头扎

红裙又称为师裙，也可称罗裙，如图2-53所示，一般为主持武道宗教活动的祭师"师公"在宗教活动时穿用。在师公职权范围内的宗教活动中，"拔伤"最为常见。

"拔伤"时师公身穿红裙，站在高高搭起的桌凳上，作类似杂技的表演。多为一张桌上放一米斗，米斗上加一米筛，桌下还要点香，称为"三祭界"。筛上为天界，表示天上的神；桌上为中界，表示地面和空中云游的神；桌下为下界，表示地面和地狱中的鬼。最壮观的"拔伤"表演当属师公在桌上以舞蹈"作法"。法毕，师公从高台上直接一跃而下，若安然无事，则皆大欢喜，认为祖先显灵，将保佑大家逢凶化吉，而死者也得到了安息；如果失败，就认为死者的灵魂化为野鬼，家中必有厄运降临。

浙江省丽水市景宁畲族自治县鹤溪街道塔堪村畲族神职人员雷和平先生❶所提供的红裙如图2-54所示：裙长89厘米，约及脚踝；整个裙幅为260厘米，几乎为满圆幅；腰围94厘米，本白色平纹棉布腰头宽6厘米，胯右边开衩，两条畲族传统织带作为系带，长60厘米；裙子中部红色部分宽69厘米，为自织自染平纹麻布，上端打褶；裙子下部也为自制麻布，本白色，平纹，宽14厘米。此裙为雷和平17岁学师时从师傅处继承而来，制作年代估计在中华人民共和国成立前后。整条裙原为手工缝制，腰部有机缝线迹，应为后期缝补所至。据称，原来的"红裙"裙摆一周还有由红毛线串起来的铜钱，作法事舞动时叮当作响，更显声威。

"拔伤"时师公头上还需戴一个绘有神像的"头扎"。其中绘有虎头图案的也称为"纸虎头"（图2-55）。因其多为纸或兽皮制成，故也称"纸头扎"（图2-56）或"皮头冠"（图2-57、图2-58）。其上常绘制有道教太乙真人等神祇形象（图2-58）。

图2-53　畲族宗教活动"拔伤"

图片来源：2010年4月24日笔者摄于福建省宁德市蕉城区八都镇猴盾村。

---

❶ 2004年3月4日收集于浙江省丽水市景宁畲族自治县旱塔畲族神职人员雷和平先生（50岁，畲族）。

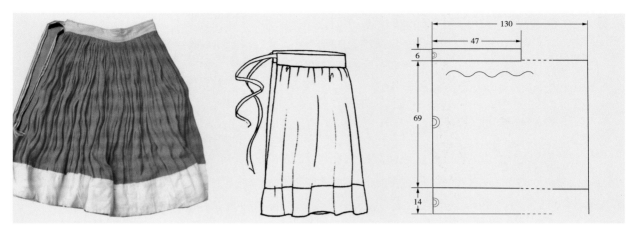

图2-54　红裙及其裁制样板

图2-55　近代畲族纸虎头

图片来源：台湾研究院历史语言研究所。

文物信息：典藏登录号：A00000825；分类号：畲031；其他信息
从略。

图2-56　近代畲族纸头扎

图片来源：台湾研究院历史语言研究所。

文物信息：典藏登录号：A00000824；分类号：畲030；其他信息从略。

图2-57　山羊皮头冠

文物来源：浙江省博物馆，编号288#。

图2-58　跳鹿皮功德头冠

文物来源：浙江省博物馆，编号283#，宽25厘米，高17厘米，征集于景宁
郑坑桃山兰土成。

2.2 近代畲族服饰文化背景

如前所述，畲族服饰伴随畲族人民逾千年的繁衍迁徙，到近代基本演变成型。近代畲族服饰中所体现出的畲族服饰文化信息最为丰富，也最具有代表性。

2.2.1 分域成型，城山为界

清代，畲族逐渐结束了迁徙的生活，主要在福建东北部、浙江南部的山区定居下来。该地区原生的政治经济文化圈和高山峻岭形成的地理屏障，促使畲族在定居过程中自然而然聚集为若干个次文化圈，圈间相对隔离、圈内独自发展[40]。

浙江省自民国20年才开始筹筑公路[41]，在此之前，官道和水运一直是主要的交通方式，县境最偏僻之地，一日不可达。如图2-59所示，丽水地区境内山脉纵横，主要有仙霞岭、洞宫山、括苍山，分别向西北、西南和东北方向延伸。以洞宫山脉为界，北麓龙泉、遂昌、松阳、缙云、青田等县通过瓯江水系相连，相对通达，形成一个以丽水市区为中心的次文化圈，域内畲族服饰形制相对统一。由于洞宫山总体山势较高，大部分海拔在1000～1500米之间，所以南麓的景宁虽紧邻云和，两县城直线距离不到20千米，然峻岭相隔，故自成一体，呈现出"高髻"等相对独特的景宁式畲族服饰风貌。

类似的情况还存在于霞浦和宁德等地区。

霞浦县域内的畲族服饰常分为东西两路，因霞浦县在乾隆时期前原为福宁本州，故习惯分别称之为：福宁东路和福宁西路。福宁东路主要是以水门、牙城等霞浦东部畲族服饰特征为代表，与紧邻的福鼎地区相似。福宁西路是霞浦畲族的代表服饰，流行于县西、南、中和东部一些畲族村庄。同时与霞浦西部紧邻的福安市松罗乡一带服饰特征也更接近霞浦式。究其原因，福宁东路与福鼎地区相似，一是因为如图2-60所示福鼎与霞浦同列太姥山东麓，两县之间地势较为平缓，对原本就习惯山区生活的畲民而言交通交往交流都比较便利，故相互

图2-59 丽水山脉水系图

图2-60 霞浦及周边地区地形图

影响较深；二是水门、牙城等霞浦东部地区畲民生活在山林野外，随山散处，刀耕火种，采实猎毛，食尽一山则他徙，行政区划并不会影响他们的生活，故与福鼎自成一体。而福宁东路与福宁西路不同是因为水门、牙城等霞浦东部地区畲民平时活动范围主要在福鼎市城区与霞浦县城区之间的乡间，通常行至城区为止，很少进入汉文化区域，更少越过城区，因此以霞浦县城区为界畲族相互交流较少，影响不大。

宁德蕉城区以城区为界，市区以北的畲族服饰也习惯称八都装，与流行于福安市、周宁县、寿宁县的福安式非常类似，而市区以南的飞鸾等镇畲族服饰与南邻的罗源如出一辙。

同时，浙东南温州地区与闽东北福鼎地区虽从属两个行政省，然地域毗邻，接壤处为畲民栖身的绵延丘陵，两地畲民交往密切，因此在服饰特征上表现出极高的相似度。

综上说明，比起行政区划，近代畲民亚文化圈的区域界定更密切相关于地理地貌因素和城区位置，这与当时的经济技术、交通水平、民族文化性格也是密切相关的。

2.2.2　技术依赖，弱势趋从

如图 2-61 和表 2-6 所示，将近代畲族上衣与同期汉族妇女上衣的正面廓形进行对比发现，即使排除穿着者身材个体差异影响，仅从比例关系上来看，畲族上衣普遍衣长较短、围度较小、袖肥较紧、袖口较窄、袖长较长。这是由于广大畲民始终以游耕采集为其主要生产生活方式，过于宽大的服饰容易被树枝草茎挂踔而不利于劳作和行动，因此畲服尺寸相对短小、袖子相对紧窄，更加利落合体。另外出于耐磨和美观，畲族有翻折袖口的穿着习惯，故袖长因预留翻折量普遍较长。同时，通过对比畲服不同形制可知，与丽水式上衣相比，景宁式上衣无论款式为交领式还是圆领式，其袖隆围和胸围均更偏小，显得更为窄紧修身。且景宁式上衣或前短后长或整体长度偏短，前片长度均未及膝，因此景宁畲妇常下围过膝半身裙或围裙等遮蔽大腿的下装。最后，通过对比清末到民国畲服廓形可知，其衣长在逐渐缩短，而长度趋短是民国时期中华主流服装的一个演变趋势（图 2-62），故可见畲服趋从于主流汉族服饰变迁的轨迹。同时，前文所述畲族妇女服饰从直襟到大襟的变化，也是趋从周边主流服饰在清代两百余年来变迁的历程。

表 2-6　近代丽水妇女上装形制一览表

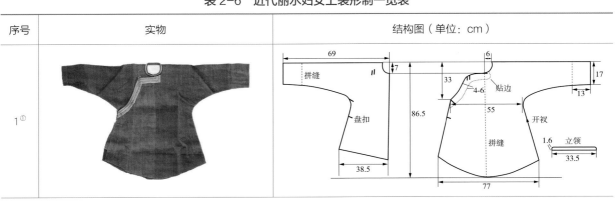

序号	实物	结构图（单位：cm）
2②		
3③		
4④		

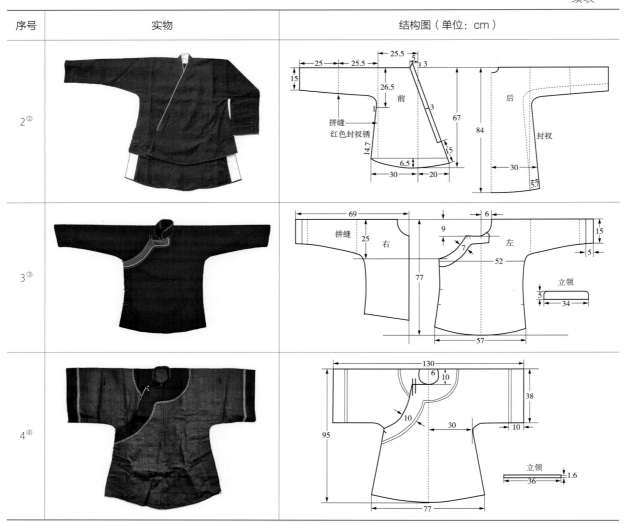

① 清末丽水老竹畲族女服。征集于丽水老竹兰珠翠，2000年收藏于景宁文物保护管理所。前后等长。面料为蓝色麻料。领襟、袖口及侧边内缘有贴边。

② 民国景宁畲族女婚服。征集于景宁郑坑吴村雷一高，1998年收藏于景宁文物保护管理所。前短后长，面料为藏青色棉布，领襟、袖口及侧边内缘有白色贴边。

③ 近代景宁外舍畲女服。征集于景宁县外舍王金垟蓝龙花，收藏于景宁畲族博物馆。前后等长，侧边开衩，面料为藏青色棉布。领襟、袖口及侧边内缘有贴边。

④ 近代浙南汉族礼服。征集于温州文成黄坦镇（毗邻丽水），2000年收藏于景宁文物保护管理所。

　　畲族服饰的发展进程在方向上表现出对主流服饰文化的趋从，这在男装上也表现得特别明显。如图2-63所示，1934年畲族男子正装仍为清末的长袍马褂，搭配的是清朝官帽，青年开始穿着西式衣裤。男人的发型也逐渐现代化了，老人还梳着辫子，中青年以及外出工作的人们，都把头发剪短了，大多数男人把脑袋前半部剃光，而把后脑勺的头发往后梳[24]14。

　　究其原因，广大畲民始终主要以山区为归宿，从事着有别于平原、草原经济的山地经济。由于山区所具有的相对封闭的特点阻碍了它与平原发达农业地区的交流，故畲族的经济一般

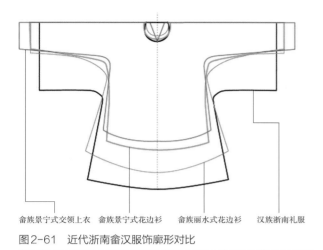

畲族景宁式交领上衣　畲族景宁式花边衫　畲族丽水式花边衫　汉族浙南礼服

图 2-61　近代浙南畲汉服饰廓形对比

图 2-62　1920~1930 年代中国服饰趋向更短、更窄和更紧身的长衫、马褂及女裙

图片来源及原文说明：The trend in the 1920s to 1930s towards shorter, narrower and more closely fitting changshan（men's gowns）, magua（men's jackets）and women's skirts.——Claire Roberts, Evolution & Revolution: Chinese dress 1700s-1990s. Sydney: Powerhouse Publishing, 1997: 58.

图 2-63　勇士衡先生于 1934 年在浙江丽水地区拍摄的照片

图片来源：原图存于台湾研究院历史语言研究所，具体信息如下：

左：丽水地区沙巷蓝成法全家，畲 42（编者按：1934 年摄于浙江省丽水市青田县）。

右：丽水地区坟头蓝增华及其公子。

图 2-64　《畲客风俗》（1906 年）载"换衣"图

相对落后[42]。近代丽水畲族在很大程度上依赖周边相对先进的汉族的纺织服装技术和资源。如图 2-64 所示，畲民常需要将自产的家禽和农产挑到城里，与汉人交换旧衣、鞋等。直到 20 世纪，畲族地区仍很少出产棉布，需要向汉族商人购买。即便在畲族相对富裕的家庭，男子所穿的长衫也不是由畲族妇女制作，而是请汉族裁缝到畲家来做。畲民所戴竹斗笠也是向汉人购买。畲族妇女所穿的绣花鞋也是汉人为她们特制的，复杂的畲族头饰更是只能依赖县城里的汉族银匠[24]14。

　　因此，近代畲族服饰在原料、色彩、款式、工艺等各方面都体现出与周边主流文化的紧密联系。

2.2.3　宗教等级，家族伦理

　　近代畲族服饰因身份不同而有明显差异，特别是礼服运用款式、色彩、装饰等元素符号起到身份标识的作用。例如，畲族已婚妇女盘髻或戴冠，未婚女子梳辫，以头饰传达着婚姻状况。畲族服饰还可彰显贫富差距：女子前襟花边贫者窄，富者宽；男子贫者短褐，富者长衫，等等。其中宗教身份标识功能尤为突出。

　　畲族人民十分重视他们的传统丧礼"功德"，所谓"功德"，他们认为，"功"是思念父母抚育之恩；"德"是儿女报答父母养育之恩[43]。畲族中以宗教地位为依据的严格的等级制度主要就是通过功德仪式来反映的。若死者为"学师"，称"亡故仙师"，着赤衫、乌蓝入殓，其妻着大同衫入殓，其功德仪式需持续三天三夜；"白身"去世时称"白身亡人"，着普通寿服入殓，去世后功德仪式只能进行一天一夜。

　　如图2-65所示，居中两位老人即为着"乌蓝"的"保举师"和着"大同衫"的"西王

图2-65　1934年丽水市莲都区蓝新荣之祖父母（着乌蓝及大同衫）及二妹

母"。其服饰与浙江省博物馆藏清代畲族钟氏祖图（图2-66）中三代祖先所着服饰颇为相似：男子服饰类似明代儒巾襕衫，女子服饰类明代中后期直领长袄马面裙。该祖图下端有一男一女两人小像，分别位于左右两侧，女着云肩长衫阔裤，男着清代典型服饰官帽马褂。从构图及人物比例可断定着明式服饰者之身份高于着清式服饰者。

畲族宗教以对祖先的尊敬崇拜和缅怀感恩为核心。畲族自身原始宗教中最突出的就是对传说中畲族的祖先神犬盘瓠（也作"盤瓠"）的崇拜。畲族史诗《高皇歌》所述的就是盘瓠生于高辛帝皇后耳中，因平番有功在金钟下变身为人后娶三公主为妻，最后定居广东的故事（图2-67）。盘瓠本为犬，因受汉族龙和麒麟图腾崇拜的影响，后来也被称为"龙麒"[44]。

畲族成人礼"学师"是祖先崇拜、民族文化传承的典型之举。如图2-68所示，相传盘瓠也曾上闾山学法，畲民们在仪式上即讲述交流祖先事迹、模仿祖先经历，并加入畲族宗教体系。在"学师"仪式

图2-66　清代三代祖先像

资料来源：1959年收藏于浙江省博物馆，长130厘米，宽87厘米，钟氏祖图，描绘三代祖先像，祭祖时挂出。

图2-67　畲族祖图局部：像官相送（浙江丽水，1759年）

图2-68　畲族祖图（局部）：闾山学法（浙江丽水，1759年）

中，学师取得的"法名"必须存入"龙头杖"，畲民认为这样才得到了祖先的认可，得到了闾山的法力。

正如蓝炯熹先生所说，在畲民精神史中，盘瓠传说是畲族先民原始思维的产物，当这一传说作为家族的社会记忆和成员的集体无意识，转化为祖先崇拜的观念性、确定性的事物时，便完成了从神话向历史的质变过程。在祖先崇拜的精神导引下，历代的祭祀操作等家族文化实践的量的积累，便加强和巩固了其历史性的成分。再经过家族伦理精神的提升，从感性到理性，形成了神圣性、超验性和超世俗化的家族信仰机制，这种信仰机制确定了畲民家族文化传统中独特的精神内核[45]。畲族服饰在这一信仰机制中发挥着进行身份标识、寄托感性情怀的作用。不难发现，出于对祖先的尊敬和对历史的缅怀，"过去的"和"传统的"事物往往在畲民心目中占据更高的位置，因此便更易理解，儒巾襕衫和直领长袄裙虽已为当时的潮流所淘汰，却在畲族服饰体系中代表着更为尊贵的身份。

2.2.4 一脉相承，蛰伏汉化

清代统治者通过服饰制度推行本民族的衣冠形制，谕令汉人改冠易服。经过两百余年清统治，清末社会主流服式为旗袍式右衽大襟，而如图2-64所示，迟至19世纪下半叶畲族妇女仍普遍穿着与主流服饰迥然有别的汉服式直襟上衣，与丽水地区畲民主要迁出地福建福州罗源地区乾隆时期的畲族妇女衣装款式（参见图1-1）一脉相承。1929年著成的《浙江景宁县敕木山畲民调查记》多次提到，畲族妇女"至今还保持一些最初的服装型式"，"鞋面绣着合乎传统风格的红花"，连围裙彩带的图案也是"由合乎传统风格的花样组成"，"头饰一定要按照自古流传下来的方式制作，畲民不能容忍丝毫改变"[24]14。可见此时期畲民主动恪守自身的民族服饰传统特色。

乾隆五年"编图隶籍"，畲民被编入保甲地籍。此后，清代较为温和的民族政策保障了畲族在长期颠沛流离之后得以休养生息。但是随后民国政府实行民族大同化政策，各个地方政府都从改革畲民服饰入手，大力强行推进畲民汉化。

民国时期畲服改革政策以丽水地区云和县最有代表性，从初期怀柔倡议"移风易俗"到1929年罚款取缔畲妇服饰，再到1934年、1937年政府反复告令畲民"不得穿着异饰与戴头冠，否则强行禁止"，甚至有警察踩碎进城畲妇的头饰，易服政策日趋强横[24]。据《贵溪樟坪畲族志》载："第一次国内革命战争时期，文坊、花桥等地有国民党驻军设卡，畲族妇女外出倍受刁难，（衣着）不得不改为汉族妇女装束，盘髻于后，横插银钗，居村寨者，则多一镶边蓝头巾"。表明当时其他地区畲族服饰也一样受到政治力量的影响。

畲民对强制易俗强烈反对。一方面正面抗争，曾在1933年取得省政府"不得歧视侮辱畲民"的保护通令；另一方面委蛇固守，到市区时取下民族服饰，出城后仍恢复装扮[46]。然而到民国结束，各畲地服饰民俗受到的政治影响才渐止息，畲族日常着装也在相当大程度上汉化了。但是其独特而精致的头饰、花边和织带等服饰元素仍被保存流传下来，成为现代畲族盛装中重要的民族形象特征。

2.3　小结

　　本章以畲族主要聚居地浙闽粤赣地区的代表性服饰为例，管窥近代畲族服饰形制，并在此基础上讨论近代畲族服饰所承载的文化信息：近代畲族服饰逐渐分域成型，从中可见比起行政区划，近代畲民亚文化圈的区域界定更密切相关于地理地貌因素和城区位置；近代畲服趋从于主流汉族服饰变迁的轨迹，这缘于畲族在很大程度上依赖周边相对先进的汉族纺织服装技术和资源；儒巾襕衫和直领长袄裙虽已为潮流所淘汰，却在畲族服饰体系中代表着更为尊贵的身份，盖因畲族服饰在畲族家族信仰机制中发挥着进行身份标识、寄托感性情怀的作用；虽然畲民主动恪守一脉相承的服饰传统特色，但民国政府从改革畲民服饰入手，大力强行推进畲民汉化，导致畲族日常着装相当大程度上的汉化。

第3章 现代畲族服饰

现代畲族服饰，浙闽赣粤黔区域内畲族服饰可以归类为浙江省的景宁式、丽水式、平阳式、泰顺式，福建省的福鼎式、霞浦式、福安式、罗源式、延平式、顺昌式、光泽式和漳平式，江西樟坪式和贵州六堡式，共计14种类型。

本章选取覆盖畲族人口97%以上的浙闽赣粤黔地区进行田野调查和文献考据❶，对中华人民共和国成立以来可知的畲族主要服装样式及其在现代的发展轨迹进行梳理、分析和归纳，以期呈现出现代畲族服饰较为完整系统的全貌。因各地畲族男子服饰几乎均已与当地汉族无异，故主要论述女子服饰，偶尔兼论及男服。

---

❶ 受现代文化全球化的影响，各地畲族服饰在畲民日常生活中均呈现出不同程度的弱化，田野调查搜获资料有限。本章以中华人民共和国成立以来的畲族服饰研究文献和相关博物馆馆藏畲族服饰文物作为补充。由于馆藏文物较多难以准确考据其使用时期，故姑且以其收藏年份作为参考，均归入"现代畲族服饰"一并梳理。例如，本章3.1.1至3.1.4部分借助了大量浙江省博物馆和景宁畲族博物馆1959～2008年间所搜集的畲族服饰品，其中一部分具体制作和使用时间已不可考，故以其收藏年份作为其最后使用时间的参考，而将其纳入现代阶段进行讨论；另有部分虽然有记录显示其制作年代在清末民国间，但一方面由于这些记录往往出自服饰捐献者的自我陈述，常因传承年代久远记忆模糊而失实——在本章文物的考据过程中不乏这样的例子；另一方面由于中华人民共和国成立初期畲族服饰习惯基本延续了近代风俗，这些服饰也很有可能被使用至中华人民共和国成立初期，故也作为现代畲族服饰初始形态的参考罗列在本章中。

3.1　畲族服饰类型

　　由于人口分布、生产方式、居住环境等原因，畲族不同地方的染织服饰各有特色。早在1947年，人类学家凌纯声先生就在《畲民图腾文化的研究》一文中对畲族女性头饰进行了分类，分为丽水道士畚式——简称丽水式、景宁敕木山式——简称景宁式和福州罗岗式——简称福州式[25]297-299。20世纪60年代，蒋炳钊先生进一步将福建畲族头冠分为三种类型。1985年，潘宏立先生在硕士论文《福建畲族服饰研究》中通过福建各地畲族女性整体装束的特征差异，将之区分为罗源式、福安式、霞浦式、福鼎式、顺昌式、光泽式、漳平式七种类型，为畲族服饰类型研究的里程碑[40]。1999年，《浙江省少数民族志》将浙江畲族妇女头饰分为景宁式、丽水式、平阳式、泰顺式[47]。本章在前人研究的基础上进一步扩大范围，以浙闽赣粤黔地区的畲族服装样式为研究对象。

　　根据2010年第六次人口普查数据，浙江（166276人）、福建（365514人）、江西（91068人）、广东（29549人）和贵州（36558人）五省的畲族总人口为688965人，占畲族总人口的97.2%。

　　浙江省畲族总人口约占全国畲族人口的四分之一，主要分布在温州、丽水、金华三个地区的十多个县内。自明清在浙江东南部定居下来后，浙江畲族逐渐形成了与其他地区畲族既一脉相承又有自己特色的染织服饰。如图3-1所示，浙江的传统畲族服饰根据其最具代表性

景宁式　　　　　　　丽水式　　　　　　　平阳式　　　　　　　泰顺式

图3-1　浙江畲族盛装

的头冠的样式不同，大概可以分为景宁式、丽水式、平阳式、泰顺式四种类型。

据2010年人口普查资料，福建畲族人口占全国畲族人口的半数以上。福建省的畲族主要聚居于闽东地区，即福建宁德地区，该地区现有畲族近18万，是全国畲族最为集中的地区。目前此地区中畲族遍布9个市县，120个乡、镇，有131个畲族村民委员会，其中畲族人口平均占行政村总人口的60%以上，并维持着较为传统的畲族文化生态系统。畲族女性服饰因地域分布而有所不同。如表3-1所示，1985年，潘宏立先生将福建女畲服分为七种类型。根据田野调查和文献考据，本章在此基础上补充了延平式畲服类型（图3-2）。

表 3-1　潘宏立《福建畲族服饰研究》中的服饰类型

类型	凤冠	发式		服装款式
		少女 / 妇女（/ 老年）		
罗源式				
福安式（宁德式）				
霞浦式				

续表

类型	凤冠	发式		服装款式
		少女 / 妇女（/ 老年）		
福鼎式				
顺昌式	—			
光泽式	—			
漳平式	—			

　　江西畲族大都散居在赣东北的鹰潭龙虎山、铅山、贵溪、吉安、永丰、全南、武宁、资溪、兴国等县，共有 7 个畲族乡：上饶市铅山县太源畲族乡、上饶市铅山县篁碧畲族乡、贵溪市樟坪畲族乡、抚州市乐安县金竹畲族乡、南康市赤土畲族乡、吉安市青原区东固畲族乡、吉安市永丰县龙冈畲族乡。本章将聚焦于江西比较具有代表性的贵溪市樟坪式畲族服饰（图 3-3）进行论述。

　　畲族是广东早期的居民之一，闽浙地区的畲族一直流传自己的祖居地在广东潮州的凤凰山。然而，广东省畲族虽然在历史发展的长河中占据了极其重要的历史地位，但时至现代其自身特征深度淡化。1953～1958 年，国家民委、中科院民族研究所和中央民族学院等单位合作对闽浙赣粤进行大规模调查，著成《畲族社会历史调查》一书，其中描述广东省畲族服饰为："从闽粤边境地区的凤山一带起至粤中区的罗浮山地区为止，这些畲民在衣饰方面已不像海南岛或粤北的少数民族那样有自己的服饰。这里的服饰大都和汉人一样，男女老幼都

图 3-2　延平式畲族女服[48]

图 3-3　江西贵溪樟坪式畲族服饰

图片来源：舒承林摄 1990 年 10 月参加闽东畲族文艺节的江西贵溪（樟坪）代表队。

穿汉装，连七八十岁的老人家也没有穿过与当地汉人有别的服饰。如果说原有的衣饰往往会在婚丧中保留得更长久的话，我们在这些地区也没有发现他们在婚丧中的特殊服饰。他们在结婚时衣着饰物不很讲究，也只是穿着新缝制的衣服，丧服也随便，和附近汉人村落相同，即白色布料和麻服"[49]。故本章未将其纳入具有民族特性的畲族服饰类别进行讨论。

　　贵州畲族服饰，因居住地区不同而略有差异，以占贵州畲族人口绝大多数的麻江县六堡式畲族盛装服饰（图 3-4）最具代表性。

　　综上所述，本章将浙闽赣粤黔区域内畲族服饰分别归类为浙江省的景宁式、丽水式、平阳式、泰顺式，福建省的福鼎式、霞浦式、福安式、罗源式、延平式、顺昌式、光泽式和漳平式，江西樟坪式和贵州六堡式，共计 14 种类型。

图 3-4　贵州麻江县六堡式畲族盛装服饰

图片来源：六堡村中心网站. http://ehome.jiangmen.gov.cn/5891/index.html

3.1.1 景宁式

景宁式，也称为景宁敕木山式，主要流行于浙江南部丽水市景宁畲族自治县。

（1）头饰

景宁凤冠形制严格保持传统手工技艺。通过笔者田野调查也证实，从景宁不同乡镇所调查、考证到的凤冠形制几乎无二致❶，与前文所述近代景宁头饰形制（参见图2-9、图2-10）均一致。如图3-5所示，景宁凤冠前面的"头面"（Ⅱ）和两侧靠前（Ⅰ-a）镶有薄银片，有

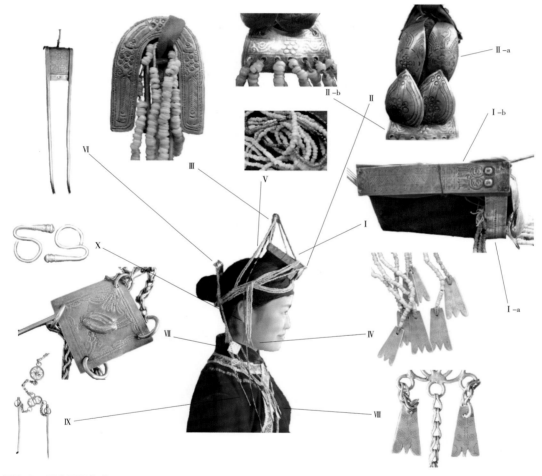

图3-5 景宁凤冠构成

Ⅰ-a: 头面，Ⅰ-b: 钳栏，Ⅱ-a: 钳搭，Ⅱ-b: 奇喜牌，Ⅲ: 银金，Ⅳ: 大奇喜，Ⅴ: 瓷珠，Ⅵ: 头抓，Ⅶ: 方牌，Ⅷ: 奇喜载与反蕉叶，Ⅸ-牙签与耳抓，Ⅹ: 耳银。

❶ ★2005年3月9日收集于浙江省丽水市景宁畲族自治县敕木山村雷细花女士（约60岁，畲族）。
　★2005年3月11日收集于浙江省丽水市景宁畲族自治县郑坑乡。
　★2005年3月13日收集于浙江省丽水市云和县雾溪畲族乡坪垟岗村，畲族民族研究会副主席蓝观海先生（畲族）。
　★2018年1月4日收集于浙江省丽水市景宁畲族自治县安亭村（畲族文化活态博物馆）。

简单几何形的浮雕图案，再在支架顶部覆上红色棉布，两侧红棉布上也分别镶有长 10.5 厘米，宽 2.1 厘米的薄银片（Ⅰ-b），银片上均雕有一对拱手小人，造型简洁、质朴。尾部马蹄形（Ⅲ）"银金"以向上往后趋方向安在主体支架末端，靠一根竹制或银制棒连接马蹄形顶部对主体支架加以固定，再用红布条拴住马蹄形顶部与棒连接到支架前顶端。

　　细看各部分的造型，如图 3-6、图 3-7 所示的棱柱状物为凤冠主体"头面"部分，由两块长约 9 厘米的菱形竹片架成棱柱体支架，高约为 5 厘米，支架再罩以黑色棉布。如图 3-8 所示，四根长约 12 厘米的银制棍状并排与马蹄形（Ⅲ）"银金"相连。如图 3-9 所示，主体支架前面挂有 8 串长约 20 厘米、末端皆连有小银片的白色瓷珠（Ⅳ），似帘状，两侧分别有三串

图 3-6　景宁凤冠主体前视图

文物来源：景宁文物保护管理委员会，编号：691#。

图 3-7　景宁凤冠主体

文物来源：景宁文物保护管理委员会，编号：691#。

图 3-8　景宁凤冠主体后部

文物来源：景宁文物保护管理委员会，编号：691#。

长约1米的瓷珠，其中一串瓷珠为红黑相间（Ⅴ），连接后面的银制马蹄形和前侧主体支架，呈圆弧形悬于两侧。如图3-10所示，"凤冠"右侧红黑相间的瓷珠末端连有头抓（Ⅵ）。如图3-11和图3-12所示，"凤冠"头抓（Ⅵ）下还吊有方牌（Ⅶ）、奇喜载（Ⅷ）、牙签与耳抓（Ⅸ）等银制品，方牌上雕有一只鸟状图案。

景宁式凤冠的穿戴过程如图3-13所示。A：先将头发盘于后脑，打成发髻，用长条黑色绉纱裹在发脚四周，用以固定凤冠；B：凤冠支架置于头额靠上处；C：将凤冠主体后部

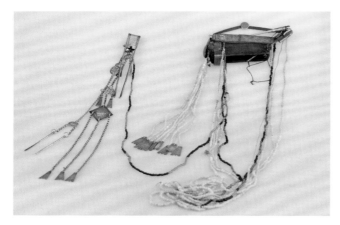

图3-9　景宁凤冠

文物来源：景宁文物保护管理委员会，编号：691#。

图3-10　景宁凤冠上之"头抓"

文物来源：景宁文物保护管理委员会，编号：691#。

图3-11　景宁凤冠"头抓"上之吊坠

文物来源：景宁文物保护管理委员会，编号：691#。

图3-12　景宁凤冠"头抓"上之"方牌"

文物来源：景宁文物保护管理委员会，编号：691#。

的系带固定于后脑；D：将悬于两侧的瓷珠串扭绞；E-F：扭绞的瓷珠串顺着绉纱绕到脑后交汇，再将交汇的瓷珠串扭绞；G-H：将瓷珠串整理成圈状，套过发髻；I：把瓷珠串固

图3-13　景宁式凤冠穿戴过程

梳妆人：蓝延兰，女，畲族，1968年8月生，畲族彩带省级代表性传承人。

梳妆时间：2004年2月28日。

梳妆地点：浙江省丽水市景宁畲族自治县鹤溪街道东弄新村4号。

定在支架前端钉钉处；J：再将前端垂面的8股珠串等分，分别穿过两侧绺纱悬垂于耳旁；K：将连接"头抓"之外的红黑相间的珠串在左侧整理固定；L：最后把头抓插于右边发髻。与头抓相连的方牌、奇喜载、牙签与耳抓等银制品从后脑悬放于前胸处，凤冠穿戴过程即告完成。

景宁头饰穿戴完毕效果如图3-14所示。现代畲族妇女日常不戴凤冠时，常会如图3-15所示用头巾包头或抓髻。

（2）上衣

近代景宁畲族妇女典型的服装为"花边衫"（图3-16）。"花边衫"为长度及臀的大襟上衣和阔脚直筒长裤，主要为走亲访友时穿着。上衣襟边依次间隔镶有红、蓝贴布条，袖口有一条或蓝或白的细贴边。

如图3-17所示，浙江省博物馆藏有类似的一件苎麻女上装，立领、连袖、右衽、侧边开衩。面料为深蓝色苎麻布，领口及襟边镶浅蓝色绲边，大襟边贴镶一粗一细同色浅蓝色贴边，

图3-14　景宁头饰穿戴完毕效果

图3-15　景宁式日常包头

图片来源：2005年3月12日陈良雨摄于浙江省丽水市景宁畲族自治县渤海镇郑坑乡。

图3-16　景宁妇女"花边衫"

图片来源：2004年3月4日笔者摄于浙江省丽水市景宁畲族自治县旱塔村。

图3-17　景宁畲族苎麻女上装

文物来源：1959年收藏于浙江省博物馆，衣长76厘米，连袖宽141厘米。

一细条红色贴边。

　　还有一种比较典型的当地妇女传统日常或劳动时所着苎麻衣，没有彩色贴边装饰，整件衣服面料以及衬料都由麻布制成，只在绲边处辅以蓝色平纹棉布。景宁文物保护管理委员会藏1950年代所制700#麻料畲女服比较典型，为2000年9月由大均村征集而来。实物照片及裁制样板如图3-18、图3-19所示。从服装中也可以看出制衣的麻布幅宽在53厘米左右，整件上衣需布大约3米，整件衣服都由手工制成，其造型与当地乡村常见妇女服饰并无太大差别。

　　景宁文物保护管理委员会藏703#丝制畲男服，同为2000年9月由大均村征集而来，与

图3-18 景宁畲族麻料女服

文物来源：景宁文物保护管理委员会，编号700#。

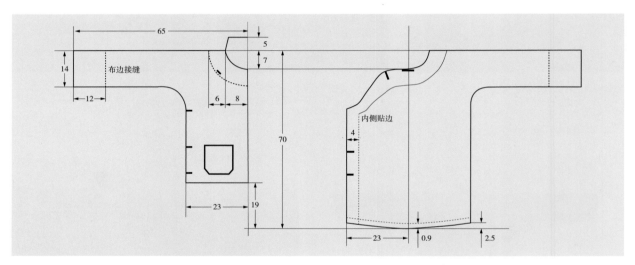

图3-19 景宁畲族麻料女服结构图（单位：cm）

700#女服制作年代相仿。整件衣服面料和辅料均为自织生丝布，布幅宽在71厘米左右，估计此衣用布约2.5米（图3-20）。

浙江省博物馆还藏有一件畲族女上装，如图3-21所示，在传统花边衫的基础上不仅改变了原本宽蓝加窄红的色彩比例，还增加了绣花和现代欧洲风格的镂空棉花边。说明景宁畲族传统女服的装饰细节并非一成不变，其制作者也曾对它的装饰进行过各种尝试。

（3）腰饰

围裙（当地称之为"拦腰"）是畲族比较有代表性的服饰单品，各地围裙形态各异、色彩纷呈。景宁围裙最大的亮点是它两侧作为系带的织带（图3-22）。心灵手巧的畲族妇女常用它来传情达意，表达内心对美好的向往，反映社会生活的方方面面。如图3-23所示的民国时期织带上织有"风调雨顺国泰民安皇帝万寿宋元明清顺治康熙雍正嘉庆乾隆道光咸丰同治……民国龙飞凤舞荣华富贵……"等字样，俨然一条缠在腰上的历史。还有如图3-24所示的织于新中国初的"毛主席语录"带。而现代织带文字更丰富，如图3-25所示的织带织有

图 3-20　丝制畲男服实物照片

文物来源：景宁文物保护管理委员会，编号 703#。

图 3-21　景宁畲族女上衣

文物来源：浙江省博物馆。

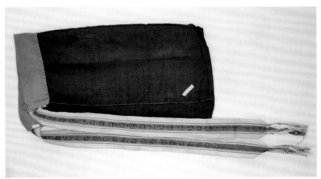

A　　　　　　　　　　　　　　　　　　　　B

图 3-22　景宁畲族拦腰

文物来源：A：编号：776# 两排字宽带彩带青布拦腰。征集于景宁大均伏坑雷秀花，2001 年收藏于浙江省博物馆，1950 年代制作，长 200 厘米，宽 44
　　　　　厘米。
　　　　B：编号：702# 真丝围腰。征集于景宁大均伏坑雷秀花，2000 年收藏于浙江省博物馆，长 182 厘米，宽 43 厘米。

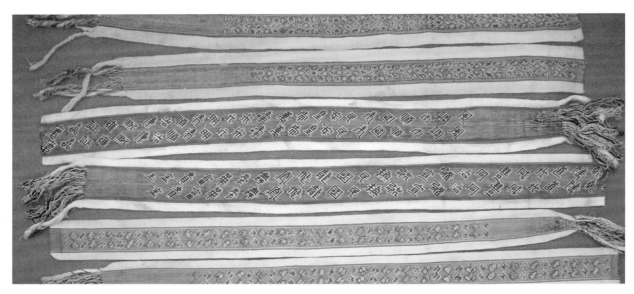

图3-23 景宁畲族织带——封建王朝

文物来源：景宁文物保护管理委员会。

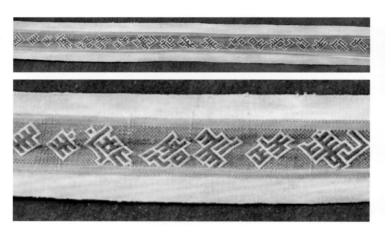

图3-24 景宁畲族织带——毛主席语录

文物来源：景宁文物保护管理委员会，编号475#，1998年征集于景宁郑坑唐丘兰连松。19世纪60年代制作。

图3-25 景宁畲族织带——迎港澳回归

文物来源：景宁文物保护管理委员会。

"浙江省景宁畲族自治县迎一九九七香港回归庆贺香港回归一周年纪念"和"浙江省景宁畲族自治县迎一九九九澳门回归庆贺澳门回归祖国"的字样。旧时，畲族妇女能够识字的不多，她们常常将对文化的向往表达为织带上文字一般的花纹，有学者认为畲族织带上的图案起着象形文字的作用。

（4）下装

现代景宁式畲族下装一般均为及踝长裤，与当地汉族裤装并无太大区别。兼具美观和功能性的令旗形绑腿被妥善传承下来，依然是畲族人民日常劳作时重要的服饰品，也是畲族区别于汉族的外形特征之一。

绑腿在畲语里称为"脚绑"，是各地区畲族普遍使用的服饰品，用于在山间林地保护小腿不被荆棘利草割伤。汉族常用的绑腿尺寸可变化，没有严格标准，单个绑腿一般为一长布带，宽度10厘米或更宽，长度为1.5～2米。而畲族常用的绑腿如图3-26、图2-27所示，呈直角梯形。根据田野调查，各地区畲族所使用的绑腿造型、尺寸基本一致。

（5）足衣

景宁畲族足衣常有鞋和袜两种。袜如图3-28所示，常用白洋布制，高帮，本色，袜口有系带。与盛装搭配的绣花鞋如图3-29所示，常为布质，圆头形，千层底。青黑色鞋面，分为左右两侧，由鞋头正中拼缀而成型。鞋面有深红、浅绿、黄等彩线绣花卉纹饰。鞋头常装饰绒线流苏。

图3-26　令旗绑腿

文物来源：征集于景宁外舍王金洋兰龙花，1998年收藏于浙江省博物馆，编号423#，清代制作，长40厘米，宽26厘米。

图3-27　令旗绑腿

文物来源：征集于景宁大均伏坑雷秀花，2001年收藏于浙江省博物馆，编号773#，民国期间制作，长40厘米，宽30厘米。

图3-28　白洋布草鞋袜

文物来源：征集于景宁大均乡梅山岭洋卫林，2002年收藏于浙江省博物馆，编号889#，袜筒长50厘米，袜底长30厘米。

图3-29　畲族绣花鞋

文物来源：征集于景宁郑坑吴村雷三妹，2008年收藏于浙江省博物馆，编号1340#，清末民初制作，鞋长25厘米，宽9厘米，高5厘米。

（6）其他

银饰是畲族服饰中不可或缺的配饰。对各地畲族服饰来说都是最具标志性的服饰品的凤冠，必然含有银髻牌等银制部件。景宁畲族银饰从耳环（图3-30）到戒指（图3-31），也是品类繁多，各有特色。

除银饰外，景宁畲族还有很多精工巧思的服饰品。如图3-32所示腰带的设计初衷不只是审美，更多是舒适和功能，它巧妙地用了两条布条呈螺旋形缝制，使得沿腰带方向的丝绺方向正好是面料45°斜丝，充分利用面料的延展性，加大了腰带的弹性。图3-33所示钱袋通过管状组织到双层组织的变化，造出口袋。

3.1.2　丽水式

在浙江丽水地区，聚居在云和县、遂昌县、缙云县、青田县、龙泉市和丽水莲都区等除景宁县以外地区的畲民几乎均着类似形制的畲服，凌纯声先生曾于1947年将此类型服饰中的头饰称为"丽水道士畊式"，简称"丽水式"。丽水式畲女服在头饰、衣襟装饰上与景宁式有

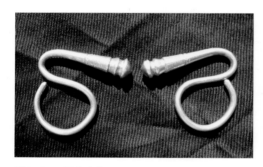

图3-30　景宁畲族耳环

图片来源：2004年2月26日笔者摄于景宁文物保护管理委员会。

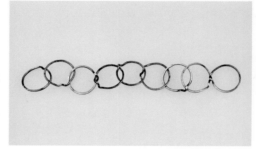

图3-31　畲族典型首饰之浙南九连环戒指

图片来源：景宁畲族博物馆提供。

图3-32　畲族腰带

文物来源：2003年收藏于景宁文物保护管理委员会。棉质，长280厘米，宽9厘米。

图3-33　清代畲族腰系布钱袋

文物来源：2002年收藏于景宁文物保护管理委员会。棉质，长55厘米，宽20厘米。

所不同，下装与景宁接近，围裙、织带及鞋也比较雷同。现代丽水式畲男服与景宁式基本相同，都趋从于当地汉族男子着装方式。

（1）头饰

如前述和表 3-2 所示，清末至民国时期丽水式头饰曾经和景宁式有大致相同的结构，两者均有一个从前额向后纵向放置至头顶的主体。只是丽水式头饰主体是一个竹筒，竹筒上再搭一个三角形，裹以畲族妇女自织的特种红色丝帕。这个三角形不像景宁那般向主体后部倾斜，而是呈斜边向下的等边直角形。丽水式头饰最前端为圆形"髻牌"，而景宁式为 4 片火焰形"钳搭"。丽水式头饰于后脑右侧插银头钗，而景宁式头饰中形似头钗的"银金"已固定于主体后部，另有银链相连的"头抓"插于脑后，并垂下"奇喜载""反蕉叶""方牌""牙签"和"耳挖"等银饰。

表 3-2 丽水式与景宁式头饰对比

分类	穿戴效果	主体	髻牌 / 钳搭		银头钗 / 银金 + 头抓
丽水式①	 A	 B	 C	 D	 E
景宁式					 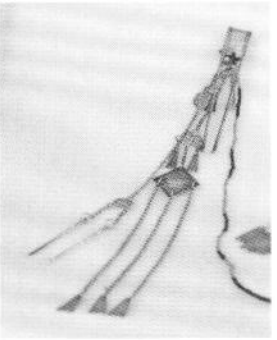

① 丽水式图片来源：A：1934 年勇士衡摄于莲都区碧湖镇道士畎村，原图现存于台湾研究院历史语言研究所。B：征集于丽水碧湖公社高溪大队，1959 年收藏于浙江省博物馆；C、D：征集于丽水地区英雄赤坑村，1959 年收藏于浙江省博物馆，直径 4 厘米；E：征集于丽水地区，1959 年收藏于浙江省博物馆。

随后丽水头冠逐渐简化。云和雾溪畲族乡江南畲族风情文化村收藏有一件中华人民共和国成立前后的畲族头饰（图 3-34），以长约 9 厘米的棱柱体支架为主体，外包覆银片，主体上另有支架撑起一个三角形。然后其上再覆盖以红布，连上当地特有的螺蛳型白瓷珠。时至 21 世纪，如图 3-35 所示，现代丽水头饰的造型已演变为一个黑色头箍，头箍中间竖起一个红色布包小三角，头箍上再缀以珠串装饰。所有装饰均固定于黑箍上，因此佩戴时非常方便，只需将黑箍套在头上即可。

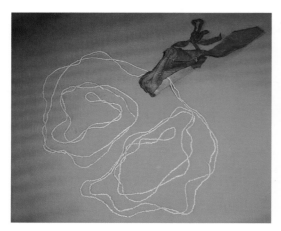  

图3-34 云和雾溪畲族乡畲族头饰

图片来源：2005年3月13日摄于浙江省丽水市云和县雾溪畲族乡江南畲族巾情文化村。

图3-35 现代丽水式畲族头饰

图片来源：2005年3月13日摄于浙江省丽水市云和县雾溪畲族乡江南畲族巾情文化村。

（2）上衣

近现代浙江丽水地区畲族妇女结婚或喜庆节日时候穿着如图3-36~图3-38所示花边衫。丽水式与景宁式不同的是其多采用多条丝质织带平行镶缀的形式，且廓形更显修长。图3-36所示女上衣面料为深色棉布，领口及襟边镶浅蓝色绲边，大襟边贴镶彩色织带。如图3-37所示，丽水式畲女上衣中的部分款式的领面具有复式结构，即靠近脖子有一层约5厘米高领面，外缘领口还有一层约1厘米高绣花矮领。也有如图3-38所示，仅有外侧矮领的造型。

（3）腰饰

①丝织腰带：中华人民共和国成立前后，丽水地区畲族妇女腰束与图3-39类似的蓝色或白色自织蚕丝锦带。锦带两端有约40厘米的流苏，编织有精致花纹。有的流苏末端还钉有古铜钱各八个，随着人的走动可听到铜钱的撞击声[50]。

图3-36 浙江丽水地区畲族女上装

文物来源：征集于丽水碧湖武坑村，1959年收藏于浙江省博物馆，衣长87厘米，连袖宽157厘米。

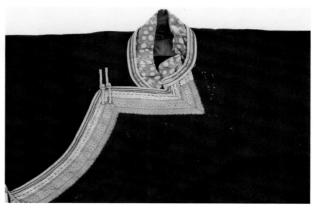

图3-37 丽水畲女出嫁上衣及领部细节

文物来源：征集于云和县岩下村兰乍翠，1997年收藏于浙江省博物馆，编号232#，衣长92厘米，连袖宽150厘米。

图3-38 丽水畲女麻上衣

文物来源：征集于云和县岩下村兰乍花，1998年收藏于浙江省博物馆，编号236#，衣长88厘米，连袖宽140厘米。

②围裙彩带：丽水畲族妇女喜戴围裙，围裙带子是用丝线和棉纱线手工织就的宽仅3厘米的蓝白绿三色相间的彩带[24]14。如图3-40所示，彩带上织有畲族代代相传的纹样。对于没有文字的畲族，这些纹样发挥着记载历史、传承思想的功能。而彩带本身不仅作为生产生活的必需品具有实用功能，还可作为传统定情信物和重要装饰配件在畲族民俗中起着传情达意、美化生活的社会功能。

（4）下装

齐踝阔裤：丽水地区畲族妇女常着图3-41所示齐踝阔裤[23]。劳作时小腿绑与景宁式相同的三角令旗式梯形绑腿。

图3-39　丽水畲族丝腰带

文物来源：征集于丽水地区碧湖沙坑，1959年收藏于浙江省博物馆，长417厘米、宽19厘米，靛青色，近两端处各装饰三条白色弦纹。两端有6厘米网状丝织花边和9厘米长流苏。

图3-40　丽水畲族围裙带

文物来源：征集于丽水市云和县平垟岗村，1959年收藏于浙江省博物馆，长163厘米、宽4.6厘米。

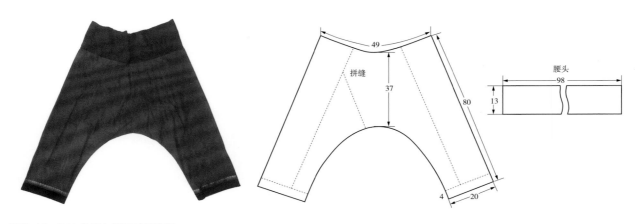

图3-41　丽水畲族女裤及其结构图

文物来源：征集于丽水地区遂昌县大柘，1959年收藏于浙江省博物馆，裤边镶4厘米宽黑绸及蓝色机织花边。

（5）足衣

①桥型木屐：畲族妇女不裹脚，通常赤脚走路，平时劳动时也穿草鞋或木屐。如图3-42所示，木屐即木拖鞋，将一块有一定厚度的木片锯成如脚大小的长方形式样，再钉上带子即可[22]。

②绣花布鞋：丽水畲族妇女在节日或走亲访友时穿绣花布鞋，与汉族布鞋不同的是鞋口和后跟接缝处加上了红布镶边，鞋头前面有红线流苏，鞋面绣着红色的传统图案[24]14。如图3-43、图3-44为两款搭配盛装常用的绣花鞋款式，多为"丹鼻鞋"或称"单鼻鞋"，鞋头或缀流苏，刺绣纹样多为抽象花草纹，间以黄绿色点缀，喜庆明媚又不失清雅秀丽。图3-45是男子专用中脊2道的圆头"双鼻鞋"。

③纳底布袜：绣花鞋常搭配如图3-46所示蓝色或白色土布靴形短袜。

（6）童装

如图3-47所示，丽水畲族儿童曾戴装点银饰的虎头帽，上常缀八仙等神祇形象和錾有"敕令"文字的令牌。

图3-42　丽水畲族木屐

文物来源：征集于丽水地区英雄郑坑村，1959年收藏于浙江省博物馆，长26厘米、厚2.5厘米。鞋带内是麻绳，外以蓝色粗布条缠绕。

图3-43　丽水畲族绣花鞋

文物来源：征集于丽水老竹镇占湾村雷珠进处，2001年收藏于浙江省博物馆，鞋尺寸为25厘米×8厘米×7.5厘米。布质，圆头形，千层底。青黑色鞋面，分为左右两侧，由鞋头正中拼缀而成型。

图3-44　出嫁绣花鞋

文物来源：征集于云和县岩下村，1997年收藏于浙江省博物馆，编号229#，鞋尺寸为23厘米×7.5厘米×8厘米。

图3-45　丽水双鼻鞋

文物来源：征集于丽水市碧湖周社村，1959年收藏于浙江省博物馆，鞋尺寸为26厘米×8.7厘米。

图3-46　近代丽水畲族布袜

文物来源：征集于丽水地区，1959年收藏于浙江省博物馆，尺寸为24厘米×8厘米×21厘米。靛蓝色粗土布制，手工缝制，袜底手工纳制。

图3-47　浙江丽水地区畲族儿童福帽

文物来源：浙江省博物馆。

（7）其他

除耳坠（图3-48）等丽水畲族银饰做工精湛、造型精巧外，丽水畲族肚兜的设计也很巧妙。如图3-49所示的肚兜沉静朴素，却也别有新意，只在中间用紫红色线绣出两只小三角来固定袋口，将中间的口袋"隐形"起来。

3.1.3 平阳式

据田野调查，现代温州苍南县畲民服饰与平阳县几无二致，瑞安和文成县畲族服饰与平阳式类似同时兼具丽水式某些特征，故归入平阳式一并论述。

（1）头饰

如图3-50所示为近现代温州平阳畲族妇女凤冠，主体为一个直径约5厘米的竹筒，外裹黑布。竹筒前部圆形横截面上饰山形银片，下坠12条白珠链至前额，珠链末端再坠倒山形银片；竹筒上方贴覆有一片宽约4厘米，长约8厘米银片，银片上衬一层稍大的红布；竹筒下

图3-48 丽水式银耳饰

图片来源：左：征集于丽水地区英雄赤坑村，1959年收藏于浙江省博物馆，长4厘米。

右：征集于丽水地区龙泉八都区竹垟乡，1959年收藏于浙江省博物馆，直径2.5厘米。

图3-49 丽水畲族肚兜

文物来源：征集于丽水地区，1959年收藏于浙江省博物馆，长40厘米，宽35厘米。

图3-50 平阳畲族凤冠

文物来源：浙江省博物馆，1959年征集于平阳桥墩门公社营溪大队。

方压三层红白黑相间条纹的头巾，最上层为约10厘米宽、15厘米长的长方形，中层由两片覆盖至脑后的三角头巾组成，最下层的头巾最大，尾端渐宽，一直垂到后背，三层头巾都有约2厘米宽的红布包边；竹筒两侧各挂三串约40厘米长白珠链，珠链内间有黑色或红色珠；竹筒后部被斜削出鹅尾形，其上再向右上方斜插一根木棍，木棍末端附若干层布片，颇似扬起一个宽约5厘米长约15厘米的小"经幡"。也喜用如图3-51所示步摇钗钏，称"把头"。自20世纪70年代以来，平阳地区已鲜有日常着畲族头饰者，传世实物也鲜有面世。

据2002年出版的苍南文史资料《畲族回族专辑》（第17辑）记载，苍南畲族妇女主要的传统头饰品，由笄栏、笄龙、笄管、笄牌、笄柱、笄绊、笄须、笄把、笄帕、笄披等系列部件组成一套完整的头饰，与前表2-2、图3-50相符。过去苍南地区畲族妇女通常是结婚后戴笄，直戴至入棺为止。

图3-51 平阳畲族银把头

文物来源：浙江省博物馆，1959年征集于平阳县桥墩公社洋尾村。

（2）上衣

如图3-52～图3-54所示，温州平阳、瑞安和苍南的畲族妇女上衣十分类似，均以复式领结构、"杨梅花"、飘带、前襟刺绣和假袖口[1]为主要特征。对比图3-52、图3-53可知，瑞安畲女上衣与平阳式非常相似，仅在领口造型上为低领结构，或为受丽水式影响。

从刺绣花纹来看，除常见的凤穿牡丹、折枝花题材（图3-55A、图3-56ACD）外，还出现大量鳌鱼望凉亭（图3-55B）、刘海戏金蟾（图3-56B）等与海洋文化相关的图案。

（3）腰饰

如图3-57～图3-59可见，温州平阳式畲族女子腰巾、围裙和织带，与丽水式除颜色上略有差异外，形制基本雷同。

---

[1] 图3-47和图3-48所示上衣在穿着时会翻折袖口，露出彩色花边装饰的假层叠袖口。

图3-52 平阳麻质畲女服

文物来源：浙江省博物馆，1959年征集于平阳县马站公社。

图3-53 瑞安黑绸畲女服

文物来源：浙江省博物馆，1959年征集于瑞安山口。

图3-54 温州苍南县凤阳畲族乡妇女服饰

图片来源：2004年5月4日笔者摄于温州苍南县凤阳畲族乡。

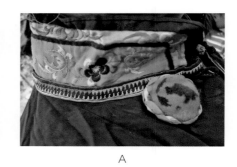

A

B

图3-55 温州苍南县凤阳畲服领面绣花

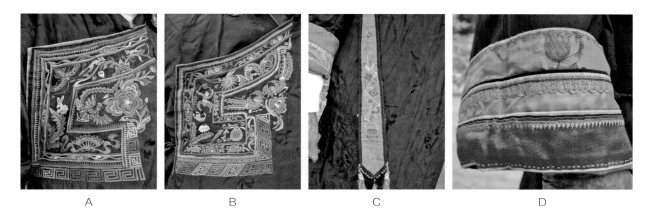

A	B	C	D

图 3-56　温州苍南县凤阳畲服前襟装饰及腋下飘带及袖口装饰

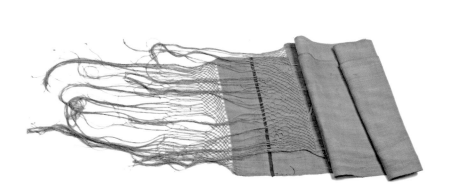

图 3-57　平阳畲族丝腰带

文物来源：浙江省博物馆，1959 年征集于平阳县桥汀公社乌岩内村。

图 3-58　平阳畲围裙

文物来源：浙江省博物馆，1959 年征集于平阳县马站小岑。

图 3-59　平阳畲族手织带

文物来源：浙江省博物馆，1959 年征集于平阳县山门，长 90 厘米，宽 2 厘米。

（4）下装

近现代平阳式畲族裤装与当地汉族裤装并无太大区别，如图3-60所示，一般为齐踝阔脚直筒裤，腰头比较宽。

（5）足衣

如图3-61、图3-62所示，温州瑞安和平阳畲族女子绣花鞋形制基本雷同。与丽水地区流苏单鼻鞋相比，鞋头偏扁平，鞋底更薄，鞋底前部从前脚掌开始向上抬起，鞋口边缘以黑布绲边，绲边宽度也比丽水式偏窄。花纹题材也以折枝花为多，少见丽水式满地密绣的米字花，且花纹一般分布于鞋面前半部，少见如丽水式一直绣到后跟的。

（6）其他

平阳式服饰品类繁多，反映出当地相对发达的经济文化状况。除常规的耳饰（图3-63）等银饰外，平阳式织绣小物也颇具匠心。如图3-64所示肚兜其口袋设计为贴着肚兜下端的U形，上端由两个扇形折枝花适合纹作为固定，整个肚兜以黑色贴边，白色作底，上部两枚红

图3-60　湖蓝绸裤

文物来源：浙江省博物馆，编号718#，2000年征集于浙江温州文成黄坦镇，裤长95厘米，腰围50厘米。

图3-61　瑞安畲族绣花鞋

文物来源：浙江省博物馆，1959年征集于瑞安县上坎村。

图3-62　平阳畲族绣花鞋

文物来源：浙江省博物馆，1959年征集于平阳县桥汀公社大山村。

白相间蝶恋花贴布绣，清雅中不失生动。如图 3-65 所示的平阳畲族围裙耳，是用来加固围裙和两根裙带的衔接处的，故在形状上大致设计为圆形或扁圆形，以使受力均匀。在图案的设计中，A组采用自然动物蝴蝶纹，在表现时异常灵动，蝴蝶的躯干内弯，两须向脑后拂去，两只翅膀更是夸张地抽象变形为两朵海浪，给人彩蝶翩翩、春意盎然的愉悦感受。而B组采用抽象几何纹题材，主体由两块平行四边形和一块正方形组成，结合三面不同深浅的色调，形成六面长方体的视觉效果，非常巧妙。

　　基于乡村农业生产精耕细作的传统，畲族人民在设计制作服装服饰时始终贯彻着"物尽其用、精工细作"的原则。绝大部分畲族服饰品都明显地体现出作者在设计之初就考虑到了

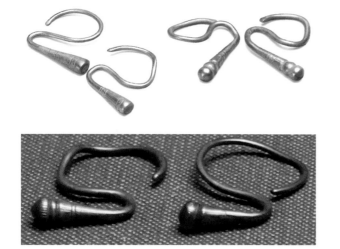

图 3-63　平阳畲族老年妇女耳环

文物来源：浙江省博物馆，1959 年征集于平阳县马站岱岭中龙村，长 2 厘米。

图 3-64　民国畲族肚兜

文物来源：征集于平阳县桥汀公社乌岩内村，1959 年收藏于浙江省博物馆。长 62 厘米，宽 48 厘米。

A

B

图 3-65　畲族围裙耳及细节

文物来源：征集于平阳县山门，1559 年收藏于浙江省博物馆。

如何对资源进行更加充分的利用，如前所述景宁式出嫁套裙（图2-16）、丽水绑腿（图3-38）和各地矩形围裙都是零损耗用料，为现代环保设计提供了借鉴。相对于服装，包或袋的设计受人体约束较少，设计更加自由。畲族各地传统包袋造型各异，但都不约而同地采取了零损耗的用料方式，体现出"物尽其用"的设计理念。如图3-66所示，温州文成和桐庐莪山的畲族都流行一种结构十分巧妙的提袋，是用两块矩形的面料斜拼而成，留出的两个角打结或系绳后即为便于拎提的手柄。

3.1.4 泰顺式

（1）头饰

①凤冠：泰顺畲族妇女常将头发拧成一把，盘在脑后，形成一个高高的发髻。系上红头绳，称之为"凤凰髻"，也称"龙髻"，再于其上戴如图3-67所示凤冠[51]。温州泰顺畲族妇女凤冠与平阳式相仿，主体均为一个外裹黑布的竹筒，所不同的是竹筒正面的短珠为10条，同时另从竹筒上方各垂下10条小珠链至竹筒两边，而竹筒下方两侧所坠的珠链长度过膝，更

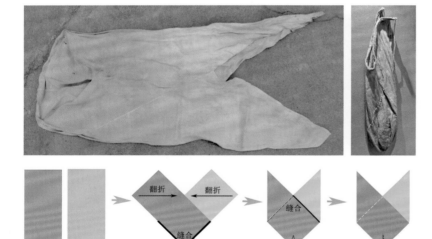

图3-66　桐庐莪山和温州文成的畲族提袋及其结构

文物来源：分别由桐庐莪山畲族乡乡政府和温州文成博物馆畲族馆提供。

图3-67　泰顺畲族凤冠之一

图片来源：《畲族文化泰顺探秘》第65页：1991年发现于泰顺司前畲族镇左溪村蓝家展家的头饰。

显俊逸。在传世文物中还发现如图3-68所示凤冠，与丽水式凤冠主体部分相仿，均为外覆红色条纹布、前缀银片的锥形，可见泰顺部分地区的畲族服饰受到西邻丽水的影响。

②钗钏：如图3-69所示，泰顺式银头花与平阳式类似，也以银片流苏为美。另有如图3-70所示银头花依稀可见曾用点翠工艺，可见该地区经济和手工艺水平的高度。此外平阳式所用钗钏还有铜头簪（图3-71）、珠链头簪（图3-72）等。

图3-68　泰顺畲族凤冠之二

文物来源：浙江省博物馆，1959年征集于泰顺县。

图3-69　泰顺畲族银头花

文物来源：浙江省博物馆，1959年征集于泰顺县彭汘公社。长15厘米，宽7.5厘米。

图3-70　泰顺畲族银头簪

文物来源：浙江省博物馆，1959年征集于泰顺县司前公社。长7.3厘米，主花直径2.2厘米。

图3-71　泰顺畲族铜头簪

文物来源：浙江省博物馆，1959年征集于泰顺县雅阳公社下底村。长9.5厘米，宽1.3厘米。

图3-72　泰顺畲族珠链头簪

文物来源：浙江省博物馆，1959年征集于泰顺县司前广坑村。长10厘米。铜簪上有用线穿的小玻璃珠，颜色有红、绿两种。据馆藏记载，这是比较富裕的畲族年轻妇女所佩戴，根据传说，这是皇帝封给畲族祖先的物品。

（2）上衣与下装

如图3-73～图3-75所示，泰顺畲族女子盛装与平阳式雷同，基本样式是右衽大襟，复式圆领，男子礼服为士林蓝长衫，绑腿也几乎一致。

（3）足衣

如图3-76所示，泰顺地区的畲女绣花鞋造型更接近平阳式鞋头上翘的款式。花纹题材也以折枝花为多，在黑色底布的衬托下，紫红为主、黄绿点缀的花纹显得俏丽雅致。同时细看图3-76A的鞋口，也作宽红布绲边，类似丽水款，再次说明泰顺地区畲族服饰受到毗邻的丽水式的影响。

图3-73　泰顺畲族女盛装

图片来源：《畲族文化泰顺探秘》第65页。

图3-74　泰顺畲族男女服饰

图片来源：《畲族文化泰顺探秘》第66页：身穿士林蓝长衫的金畬斗村雷成钦（92岁）夫妇。

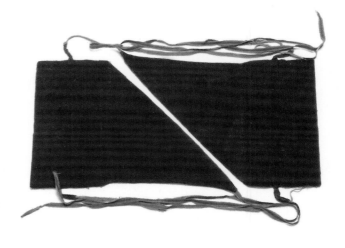

图3-75　泰顺畲族三角绑腿

文物来源：浙江省博物馆，1959泰顺县司前公社直斜村。

A　　　　　　　　　　　　　　　　　　　B

图3-76　近代泰顺畲族绣花鞋

文物来源：A：浙江省博物馆，1959年征集于泰顺县仕阳公社桥底村。B：浙江省博物馆，1959年征集于泰顺县雅阳公社下民村。

图3-77　泰顺畲族梅花戒指

文物来源：浙江省博物馆，1959年征集于泰顺县司前白岩村。

图3-78　泰顺畲族兽首戒指

文物来源：浙江省博物馆，1959年征集于泰顺县彭溪公社仓基村。

（4）其他

　　畲族银饰造型别致，独具匠心。图3-77所示的泰顺地区的畲族戒指戒面为梅花图案，涂景泰蓝釉，戒指背面有"玉成"两字，祝福婚姻幸福美满。图3-78所示戒指戒面突出成立体的兽首状，且兽首两眼有孔，孔内有两支可以活动的触角，十分有趣，有学者认为是盘瓠图腾崇拜的表现[52]。

3.1.5　福鼎式

　　福鼎式畲族服饰除流行于福建闽东福鼎市外，霞浦县水门、牙城、三沙等乡镇的畲民也着此类型盛装。此种类型的上衣和下装与之相邻的浙江温州平阳、苍南等地畲族妇女服装也甚为相似。由于福鼎市原属福宁本州东部地，故又称福宁东路装。

　　福鼎式女装为黑色右开襟式，大襟以桃红色为主调，加配其他色线。前襟（服斗❶）所绣图案面积大，色彩鲜艳夺目。衣领两头下端，缀两粒当地称为"杨梅花"的红绒球，中间镶各色料珠，非常美观。鞋为布质黑色单鼻绣花鞋，秃头阔口。

❶ 畲服最为精美的前胸绣花衣襟这一部分，当地称为服斗。

（1）头饰

①发式：如图3-79所示，福鼎式少女的发式比较简单。先把头发对等分为前后两部分，将前部分右侧头发往左边拢，并扎上一束红毛线，然后把左侧的头发也拢于左耳上，用发夹固定。随后将后面的头发用红毛线扎成束，接着再把前面的头发绕过左侧与后束头发汇合扎好，尔后把三束头发交叉编成辫子，用红色毛线扎紧。额头裹一黑色头巾。辫子从左往右盘于头顶，头发末端接上长长一大束红毛线。而后把长辫从脑后由左向右，连同辫尾红线一圈又一圈地盘过额头，并用发夹固定，最后把红毛线尾塞入脑后发辫内。

如图3-80所示，福鼎畲族已婚青年妇女的发型，是将前面及右侧的头发留下一小撮，而把大部分头发往后梳直，并束以毛线，按逆时针方向盘旋成圆形发髻，罩上发网。然后把右侧头发绕到后髻上，扎以黑头巾。随后在前面的发束上加入假发，扎上毛线，并绕过左额，接于右边发上。再把红毛线穿过左额发间隙结于脑后发髻上，最后插上银发夹、银花等。中老年妇女不在额前梳"刘海儿"，套一黑色丝织头巾（即绉纱巾），在髻上插发夹和银花。

福鼎畲族姑娘举行婚礼时梳的发式较为讲究。其梳法是先把头发分成前后两等分，先将前部分右侧头发，往左边拢，扎上一节10厘米宽的红毛线，用发夹固定在左耳上，再抓拢后部分头发，用红毛线扎成束，然后把三束头发交叉编成辫子用红毛线扎紧，从左往右盘于头

图3-79　福鼎式少女发式

图片来源：潘宏立《福建畲族服饰研究》图录之图二十六。

A　　　　　　　　　　　　　　　　　　B

图3-80　福鼎式妇女发式

图片来源：A：潘宏立《福建畲族服饰研究》图录之图二十七；B：福鼎市民族宗教事务局钟敦畅先生提供。

顶，以便戴凤冠。

②凤冠：如图 3-81 所示，福鼎新娘以凤冠和头花为头饰。凤冠如图 3-82 所示，为红绸包覆的椎形高冠。冠身用竹笋壳编成，外蒙黑布，正面镶两块长方形银片，有乳钉纹及各种花卉纹饰。尾端还吊着一块 11 厘米长的木簪。

③钗钏：银头花，如图 3-83 所示，通常覆于前额及两侧。造型三朵一组，上镂人物、动物图案，制工精细。还有一种"金针花"，形体细长，末端连五朵小银花，内装小铃铛，做工精细，走起路来叮当作响，颇为别致。

图 3-81　福鼎新娘头饰

图片来源：福鼎市民族宗教事务局钟敦畅先生于 2010 年提供。

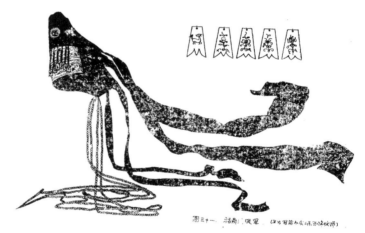

图 3-82　福鼎式凤冠图

图片来源：潘宏立《福建畲族服饰研究》（1985 年）图录之图三十一。

A　　　　　　　　　　B　　　　　　　　　　C

图 3-83　福鼎新娘银头花

图片来源：A 由汤瑛女士于 2010 年提供；B、C 由福鼎市民族宗教事务局钟敦畅先生于 2010 年提供。

（2）上衣

如图3-84、图3-85所示，传统福鼎式畲族女上衣为黑色立领右衽大襟连袖衣，与平阳式畲族妇女上衣十分类似，均以复式领结构、"杨梅花"、飘带、前襟刺绣和假袖口为主要特征。衣服款式与霞浦装也类似，区别在于霞浦式没有领口杨梅花，胸前刺绣为"厂"字形，另外福鼎式只能单面穿，而霞浦式正反面均可穿着。福鼎式服斗处的刺绣集中在上角，在衣扣旁绣着龙凤、人物、花鸟等图案。有些少女装没有绣花，只用印花红布缝在右前襟上。

福鼎式畲女装有严格的制式。上衣衣长约75厘米，前后片等长。领中部高5.3厘米，两端略低0.6~1厘米。大襟以领口垂直为中线，中线右边为右襟。右襟从领口垂直20厘米，再向右12.6厘米的区域内沿襟边绣满适合纹样，即"服斗"。贴沿襟边的第一道绣牡丹等折枝花，第二道绣人物或梅鹊、鹿竹、双凤朝阳、曲龙上天等，第三道绣大朵花如凤穿牡丹等。

（3）腰饰

福鼎式围裙，当地受浙江平阳话影响，也称合手巾。裙身呈长方形，黑色，长（高）约40厘米，宽约47厘米，腰头宽6.5厘米。搭配盛装的围裙缒彩边，中间绣花，两端配系绿色的织带。两端织带各长约50厘米，恰好可以绕围腰两圈。织带尾端有十几缕穗丝，约两尺长，垂在腰侧或后腰。结婚后生下孩子，也可作为背巾，背孩子作客或回娘家。织带编织结构上，有图案上的单独模样、连续纹样、角隅纹样等，又有梅花、牡丹花、莲花、菊花等。还有喜鹊、凤凰等自然纹和锁同、万字、云头、云勾、浮龙纹、山头、六耳、马牙纹、书宝、拈叶纹、柳条纹等几何纹图案，色彩鲜艳，富于畲族民族风格。如图3-86所示，现代围裙常在裙身加一层淡绿色绸布作为装饰。中、老年人劳动时用的围兜均为素面。

图3-84　传统福鼎畲女服

图片来源：由霞浦市民族宗教事务局于2010年提供。

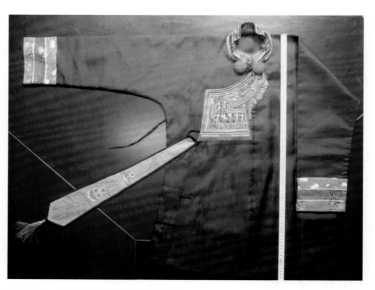

图3-85　1960年代福鼎式畲族女服

图片来源：2010年4月23日笔者摄于福建福鼎民族宗教事务局。

图 3-86　福鼎式围裙

图片来源：左图由汤瑛女士提供；右图为 2010 年 4 月 23 日笔者摄于福建福鼎民族宗教事务局。

图 3-87　"单鼻"绣花鞋[11]

（4）下装

与福鼎式盛装搭配的裙常为类似于景宁婚礼裙的独幅裙，黑或蓝色素面，无袋，裙头打褶绣花。也可配以阔脚裤。

（5）足衣

福建地区畲族女鞋，多为方头青色鞋面，女子鞋口有花线点缀，鞋头折一条中脊，俗称"单鼻鞋"或单梁鞋；鞋面绣花，鞋扣有简单的花线点缀（图 3-87）。与浙江地区畲族女鞋最大区别是鞋头多为方形平头，有的甚至向内侧凹进呈内弧形。

（6）其他

畲族银饰除用于装饰外，也是传统畲族生活中用以含蓄表达身份的一种标识，例如如图 3-88 所示，福鼎畲

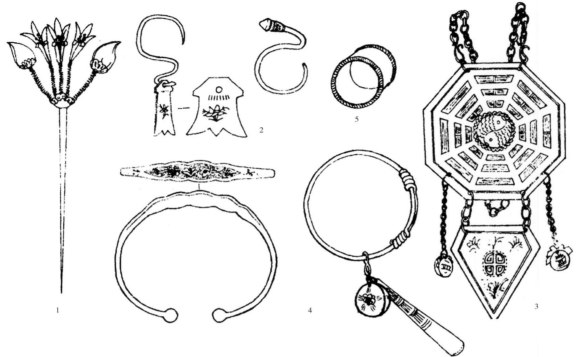

1. 金针花 1:1　2. 耳饰（左）少女式（右）妇女型 1:1　3. 银牌 1:1　4. 手镯（左大人用，右小孩用）1:1　5. 戒指（多为老妇用）1:1

图3-88　福鼎式银饰

图片来源：潘宏立《福建畲族服饰研究》图录之图三十二。

族女性婚前婚后所带银饰有别：婚前女子头梳长辫，扎大红绒毛线，戴耳牌；婚后女子梳盘龙髻，戴耳燕，髻插银针、银花。有畲族民歌这样唱到："表妹做人眼未斜，一边耳朵会（挂）耳牌；一边耳朵会耳燕，问你几（何）时哭母鞋（唱哭嫁歌）。"

3.1.6　霞浦式

　　霞浦地区畲族服饰分为东西两路，因为霞浦县在乾隆时期前原为福宁本州，故分别称之为：福宁东路和福宁西路。福宁东路主要是以水门、牙城畲族服饰特征为代表，与福鼎地区相似；福宁西路是霞浦畲族的代表服饰，流行于县西、南、中和东部一些畲族村庄，还包括福安东南部的松罗一带。本节所说"霞浦式"畲服即指福宁西路式样。霞浦式畲女服也因性别、年龄、地域而略有差异。

（1）头饰

　　①发式：霞浦式畲族女性传统发式，有已婚和未婚之分。

　　如图3-89所示，未婚少女的发式较为简单，通常盘梳成扁圆形，用红色绒线（或棉纱线、毛线）两束，一束自上而下压于发角，一束自前往后围一圈，压于发顶，形似红边黑绒帽，额前留"刘海儿"（齐眉）。或将红色绒线夹杂发中，编成辫子，挽盘头上成圆帽状。一般不佩戴饰物，有的中间别以一两样银饰或头夹。

　　已婚妇女的发式是如图 3-90 所示的典型的古典式畲族"盘龙髻"，又称为"凤尾髻"。这种发式梳理起来非常复杂，云髻高鬓中夹以大量假发。梳扎时先把头发分为 1∶2 前后两部分，后部约占三分之二。然后在中间纵向放置一支长约 20 厘米、直径约 3 厘米的裹着黑布的笋壳卷筒，用红绒线扎紧其中段后往上折成斜角，此时后端头发在后脑勺膨松突出呈瓜瓣形。接下来用红绒线扎紧笋壳卷筒前端与假发，使假发在前额顶呈侧扁形下垂。然后将前部头发分成左右两股，旋转加捻，从左往右绕过头顶后，至前顶与垂下的发束汇合缠扎，接着逐渐增添假发，把整股头发从左往右盘绕于头顶呈螺旋状后，再用发夹固定。最后用大银笄横贯发顶中央。

　　中老年妇女发型，是在脑后绾髻，类似汉族妇女"髻纽"，但较大而扁平，套以发网（俗称"髻纽锰"），插戴发夹和银花，过额前裹黑色丝织头巾。

　　②凤冠：霞浦式凤冠又称公主顶，是畲族女子结婚和随葬的专用冠戴。如图 3-91、图 3-92 所示，冠顶呈金字塔状，贴缀银片若干，左、右、后侧挂银蝶、银片串、料珠串等饰物，顶端装饰 2 片三角银片和红缨络。凤冠所用银片均錾凿吉祥图纹。婚礼凤冠，另系 1 块长方形银牌与 9 串薄银片组成的银饰遮面，宛如垂帘，俗称线须。

　　③斗笠：如图 3-93 所示，霞浦式尖顶花斗笠做工特别精细，俗称畲家笠斗，亦称花笠，相传是公主顶演化而来的。斗笠直径约 38 厘米，窝深约 8 厘米，顶高约 3 厘米，重量只有普

图 3-89　西路少女发式

图片来源：左：潘宏立《福建畲族服饰研究》图录之十六；右：由霞浦市民族宗教事务局提供。

图 3-90　西路妇女发式盘龙髻

图片来源：左：潘宏立《福建畲族服饰研究》图录之十七；右：由霞浦市民族宗教事务局提供。

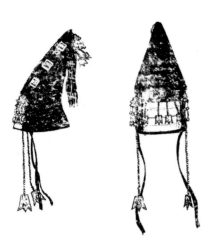

图3-91　霞浦新娘婚礼凤冠

图片来源：左：潘宏立《福建畲族服饰研究》图录之十九；右：由霞浦市民族宗教事务局提供。

图3-92　新娘头冠

文物来源：征集于福安市松罗乡后洋村雷金妹，2001年收藏于浙江省博物馆，839#，清末制作，直径18厘米，高27厘米。

A　　　　　　　　　　　　　　　　B　　　　　　　　　　　　　　　　C

图3-93　霞浦式尖顶花斗笠

文物来源：A、B征集于福安市松罗乡后洋村雷金妹，2001年收藏于浙江省博物馆，民国制作，直径40厘米，高13厘米。

图片来源：C：2010年4月由汤瑛女士提供。

通斗笠的一半或三分之二；面层用篾多达 224～240 条，篾条宽度只 1 毫米左右，编成的斗笠星只有 5~7 毫米，最细的放不下一粒谷子；配以水红色绸带、雪白的织带及各色珠串。编成的斗笠花纹精巧，形状优美，富有民族风格。此斗笠技艺要求高，花工大（编 1 个需花工 2 天），艺人稀缺，故弥足珍贵，多为陪嫁之物。平时偶得一顶，则视为珍品，仅节日赴会、走亲访友时才戴上；改着汉装者，则收贮为珍藏之物。

④头笄：如图 3-94 所示"盘龙髻"上的头笄（俗称髻簪或横钯），横贯髻端，长约 10 厘米，最宽处约 2.5 厘米。侧视呈弯弓形，正视呈变体扁方胜形，像两片相连的垂叶。上錾有凿花纹。这种头笄样式，系自古世代相传的，不容更改。凌纯声《畲民图腾文化的研究》认为："此非普通的头饰，而是自古代传下的一定图腾装饰。"

（2）上衣

霞浦畲族传统女装别具一格，上衣为古典右衽大襟式小袖服款式，所用布色崇尚青黑色。如图 3-95 所示，可正反两面穿用。前后衣片等长，衣长稍长于一般汉装，成衣霞浦装约 75 厘米。胸前襟角为斜角。服斗和领口、衩角，分别刺绣有图案或花边，色彩鲜艳，做工精细考究，纹样华美且寓意深刻。立领，领口有一金属圆扣（铜质或银质，常用钱币改制而成）。右衽角至腋下以布条制成琵琶带系结。两侧衣衩内缘和袖口内有绲镶（重复缝纫）的绲边，袖

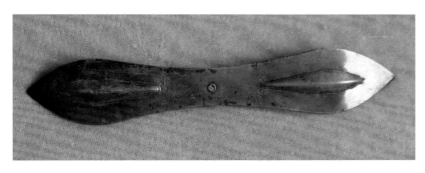

图3-94 霞浦畲族妇女头笄

图片来源：2010 年 4 月由汤瑛女士提供。

盛装穿法　　　　　　　　　　　常装穿法（内侧外穿）

图3-95 霞浦式上衣

图片来源：2018 年 5 月 7 日笔者摄于宁德市霞浦县溪南镇白露坑行政村半月里民间畲族博物馆。

口卷折外露。内有套肩，没有口袋。

盛装的"龙领"绣双龙戏珠，"凤领"绣双凤朝阳（或双凤朝牡丹）；常服大多只以几何纹构成简单的边饰，可分为一行领、二行领、三行领；领口设布扣一对，配以银制圆纽扣。前片左右衽都是大襟式，都有服斗，衽角和腋下均以蓝色布条制琵琶带系结，故可两面翻穿。右衽左襟沿服斗和下摆衩角，装饰有精美的刺绣，逢年过节做客时穿正面，平日在家或外出劳动时穿反面。大襟一般从中线宽出20厘米，服斗斜长16厘米，垂直6.5厘米，由1~3组绣花图案组成。服斗的刺绣，每组称为"一池"，宽1~3厘米不等，以大红色为基色，配以黄、绿、白、蓝等色，有时还用金色增其华丽感；绣花图案多为龙凤花鸟。服斗绣花组数与领口行数相对应，按绣花的组数，分称为一红衣（图3-96）、二红衣（图3-97）、三红衣（图3-98）。青年妇女盛装和结婚礼服绣花图案偏宽，绣工也格外精致细腻；老年妇女和少女所穿的则绣花图案较窄，多只在服斗处绣一条1厘米左右的小花边。

（3）腰饰

如图3-99所示围裙（围兜）是霞浦畲族传统服装中重要的配套品，俗称拦身裙，由裙头、裙身和裙带组成。裙身呈梯扇形（下端宽且呈弧形）或长方形，常刺绣有人物花鸟等纹样，质料、颜色多与其衣裤相同。

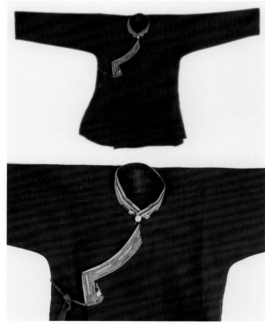

图3-96 畲族霞浦式一红衣

文物来源：征集于福安市松罗乡后洋村雷金妹，2001年收藏于浙江省博物馆，836#，衣长75厘米，袖长127厘米。

图3-97 畲族霞浦式二红衣

图片来源：由福建霞浦市民族宗教事务局提供。

图3-98　畲族霞浦式三红衣

图片来源： 2010年笔者摄于福建宁德市霞浦县溪南镇白露坑行政村半月里畲族村雷国胜村主任家。

 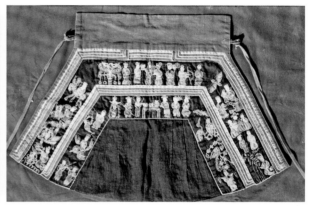

图3-99　霞浦式围裙

图片来源： 由福建霞浦市民族宗教事务局提供。

　　常见的围裙规格为长（高）33厘米，上宽33厘米，下宽60厘米，正中12厘米，外两侧有对称的褶裥，每侧5~7条，每条宽0.7厘米，长5厘米，或与裙身相等，褶上有刺绣。两侧边缘，绲镶蓝色窄绲边。做工讲究的，两侧和上方均镶红、黄、蓝、白、绿多种颜色的绲边，排列成彩边，紧靠彩边往往刺绣丰富繁缛的图案。裙头为蓝色长方形双层结构，宽6.5厘米，两端各设一个布耳，一般系白色素面棉线织带，带宽约4.5~6厘米，长约2米，尾端留流苏。系时，裙带先往后围，再转向腰前，在腰部正前方打结，余下部分垂于围裙正中央。少女用的围裙，以小红带系之，有的还要再系上宽边织花带。

（4）下装

　　霞浦式盛装下裙俗称大裙，畲族妇女结婚时专用。大裙为黑色素面长过脚背的半身裙，腰上有四个褶，有筒裙式和围裹式两种，皆系于衣内。同时系束宽大的绸布腰带，或系佩大绸花，其色多蓝。现代有些地方受汉族影响，改穿红色或其他颜色长裙。

（5）足衣

霞浦式畲族传统鞋子为圆口、黑布、千层底或木底有外突红色中脊的"单鼻鞋"。女子专用中脊1道、方头"单鼻鞋"，鞋口边缘绣花或以色线镶制，男子专用类似前述丽水式的中脊2道、圆头"双鼻鞋"（图3-45）。民国以来，传统有鼻鞋多作为婚礼与随葬专用鞋，平日用鞋与汉族相同。

（6）男子服饰

霞浦式畲族男背心设计独具匠心。如图3-100所示，其下部将口袋的设计巧妙融入刺绣纹样，看上去似是接缝装饰，实则在正面隐藏了4只口袋，兼具实用性和审美性。

（7）其他

如图3-101所示霞浦式银饰种类丰富，仅霞浦县1982年由有关部门分配的特需银饰品就有2000余件，折合白银14.25千克[11]。

图3-100　霞浦式畲族男背心

图片来源：2018年5月7日笔者摄于宁德市霞浦县溪南镇白露坑行政村半月里民间畲族博物馆。

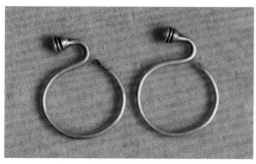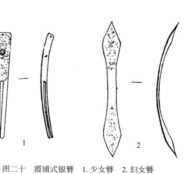

图二十　霞浦式银簪　1.少女簪　2.妇女簪

图二十一　霞浦式耳饰

图二十二　霞浦式戒指

图3-101　霞浦式银饰

图片来源：左彩图：由汤瑛女士于2010年提供；右图：潘宏立《福建畲族服饰研究》图录之图二十、图二十一、图二十二。

　　值得一提的是，霞浦式服饰的扣子与其他地区多用布带、布纽不同，霞浦式喜用如图 3-102 所示铜扣，且间有以钱币为之者。如图 3-102D 所示即为一枚英国维多利亚女王时期的钱币，正面有女王头像及 "Victoria Queen" 的字样。如图 3-103 所示，霞浦坎肩为对襟 5 颗扣设计，常在两扣之间作艳丽的适合纹样刺绣，胸前黑色布面上闪闪发亮的铜扣点缀上下，在视觉上形成丰富的装饰层次感。

3.1.7　福安式

　　福安市畲女服流行于福安市、周宁县、寿宁县和福安市接壤的宁德市蕉城区八都镇一带。蕉城区以城区为界，市区以北的畲族服饰也习惯称八都装（图 3-104）。

（1）头饰

　　①发式：与福安式畲族盛装搭配的发式称凤身髻（图 3-105），俗称凤凰中，因形似凤鸟躯干部分而得名，已婚妇女凤身髻（图 3-106）和少女凤身髻（图 3-107）略有不同。已婚妇

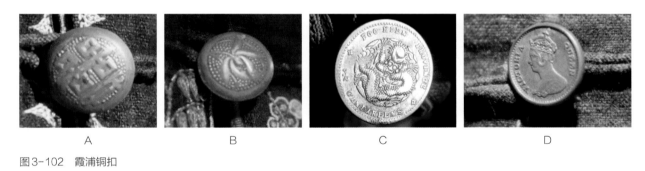

| A | B | C | D |

图 3-102　霞浦铜扣

图片来源：2010 年摄于福建宁德市霞浦县溪南镇白露坑行政村半月里畲族村若干村民家。

图 3-103　霞浦畲族坎肩

图片来源：2018 年 5 月 7 日摄于宁德市霞浦县溪南镇白露坑行政村半月里民间畲族博物馆。

图 3-104 福安式畲族盛装

图片来源：2010年4月17日笔者摄于宁德市蕉城区八都镇猴盾村。

图 3-105 福安凤身髻（中间为已婚妇女，两侧为未婚少女）

图片来源：2010年4月17日笔者摄于宁德市蕉城区八都镇猴盾村。

图 3-106 福安式畲族妇女发式

图片来源：潘宏立《福建畲族服饰研究》图录之图十。

图 3-107 福安式畲族少女发式

图片来源：潘宏立《福建畲族服饰研究》图录之图九。

女梳头时，将头发分成前后两部分，将后面头发用红毛线扎成坠壶状向头顶方向梳拢，与前面的头发合并后，沿前额从中央往右再经后背梳成扁平状盘旋绕头顶一圈。头发若不够长者则需续上假发（大多数人都需续假发）。绕头一圈的头发高度约为脸部高度的二分之一，中间用玫红色毛线缠绕固定，上部略向外扩张形似饭碗，故又称为碗匣式，也称绒帽式。为使发型挺立成型，需要用数支发夹夹住头发，并插银耳钯、豪猪毛簪各一枚，头顶再压一支约3厘米宽的银簪。发式梳成后，从正面看宽大平整如黑色缎帽，从侧面看如富贵凤身。银簪与福鼎式造型相仿，为两头宽中间窄的"8"字长条形扁簪，上面錾刻有花纹。发间的绒线环束起着身份标识的作用，以黑色、蓝色、红色等不同色彩标志出老、中、青不同的年龄，丧偶的妇女则用绿色或白色的毛线圈头。

未婚少女过16岁，头发也梳成截筒高帽形状，但不向外张成碗匣型，而是把前面的头发向后拢，与脑后头发合并后从脑后从右往左缠绕一圈呈直筒形；头顶也不压以银簪，而是用红绒线系扎（图3-108）。已婚妇女戴耳坠，未婚少女只在耳朵两旁挂一个拇指大的银圈。

②凤冠：福安式凤冠大多为如图3-109所示的前高后低的斜顶造型，而在宁德八都地区为如图3-110、图3-111所示平顶造型。

图3-108　福安畲族未婚少女凤身髻的梳法

梳妆人：雷珠英，女，畲族，20世纪50年代生。

梳妆时间：2010年4月17日。

梳妆地点：福建省宁德市蕉城区八都镇猴盾村。

图3-109　福安式凤冠

文物来源：收藏于景宁畲族博物馆。征集于福建省福安市朝阳新村，民国时期制作，重350克。

图3-110　宁德八都凤冠

图片来源：左1和左2图：由汤瑛女士于2010年提供；右1图：福安市穆云畲族乡后舍村凤冠，由雷村民主任保存。

图3-111　1985年宁德型凤冠

图片来源：潘宏立《福建畲族服饰研究》图录。

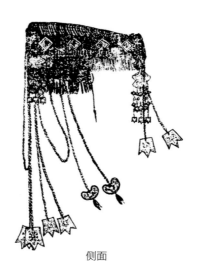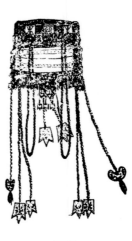

侧面　　　　　　　正面

凤冠是畲族姑娘出嫁时所必戴的。其遮脸部分俗称"圣疏"，戴在头上的部分叫"髻栏"。冠身以竹笋壳为骨架，外用红布包缠后缝成长方形的头冠。冠上缀有若干银牌，银牌呈四方形且轻薄如纸，其上錾有凤凰、蝴蝶等图案。如图 3-109 所示，有的款式冠上部顶端正中央饰 3 厘米圆形银质照妖镜，内有直尺、剪刀、屏风、镜子，意驱邪避凶，镜外圆饰梅花，镜下饰 3 厘米 × 2.5 厘米的弥勒佛，左边饰 3 厘米 × 5 厘米的张果老，右边饰 2 厘米 × 4.5 厘米的铁拐李。凤冠的四周垂挂有用红线穿成的一串串五色料珠。冠的正面系有 1~9 根银链，链上还系有凤凰、鱼儿之类图案的银牌与铃铛。凤冠戴在头上，珠串和链牌遮住脸部，直垂到胸前，走动起来摇摇晃晃，叮咚作响，寓意"凤凰带仔又带孙"。凤冠作为畲家姑娘陪嫁礼物之一，在她逝世时，还要戴它入殓。

（2）上衣

传统福安市畲族女盛装较古朴，其面料崇尚蓝黑色、花纹较简。只有在衣领上用水红、黄、大绿等有色的花绒绣虎牙花纹，并沿右衽大襟边镶绲一条 3~4 厘米宽的红布边，大襟下端系带处有一块绣花的角隅花纹。这块三角形花纹据说是模仿当年高辛帝赐给盘瓠王的封印的一半而制。若是常服则仅饰一红色绲边，大襟下端镶补一块红色三角形，上衣袖口上缝一块约 3 厘米宽的红布边（图 3-112）。

当代福安式畲女盛装一般为右衽大襟，立领。如图 3-113 所示，领高 3 厘米，沿领口处镶有先红后白 1 毫米彩边各一圈，再绣约 18 毫米宽五色齿状纹（也称虎牙纹，故此领也称虎牙领）花边一圈。另绣 18 毫米宽、与领口长相同的花边一条压于领口下 8 毫米处，此花边的样式依次为：红色边 1 毫米、白色边 1 毫米、五色齿状纹 3 毫米、凤穿牡丹等图案 1 厘米、五色齿状纹 3 毫米。绣花边下再压白、粉红、黄、绿、红各 1 毫米的五色边。领口处布扣 1 对（考究者也用银扣），领口下衣内里有黑色贴边一圈，宽 6 厘米。衣长前后片不等，前片约 72 厘米，后片约 77 厘米。连袖，袖长以与手腕齐为准。衣身图案较为简单，只在左襟斜角服斗处镶嵌绣花。

 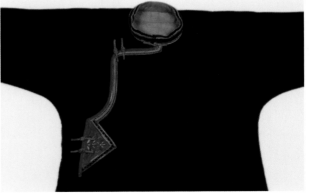

图 3-112　福安畲族新娘上衣

文物来源：征集于福安市朝阳新村钟阿青，2001 年收藏于浙江省博物馆，编号 828#，民国时期制作。衣长 78.5 厘米，连袖长 132.7 厘米，胸围 96 厘米，底宽 65.5 厘米，领宽 9 厘米，领深 9 厘米。

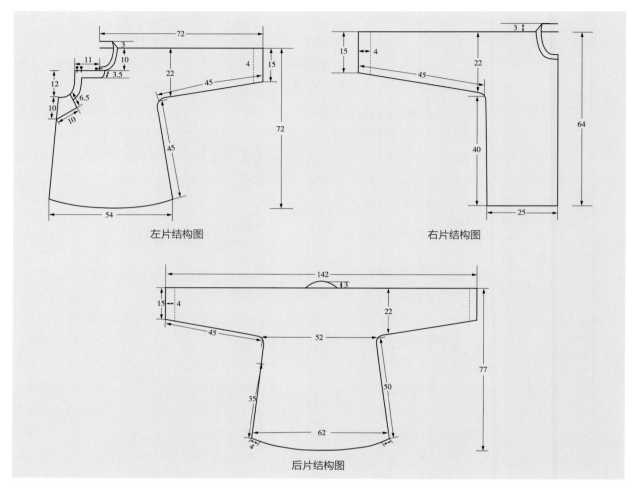

左片结构图　　　　　　　右片结构图

后片结构图

图3-113　当代福安式上衣结构图（单位：cm）

（3）腰饰

　　福安式盛装围裙一般为黑布红边的梯形，如图3-114、图3-115所示，上宽41厘米，下宽50厘米，长度为35厘米。围兜裙头用9厘米宽红布缝制，两边各夹布耳一只，用以穿带。裙头下压五色彩边各一道。围兜左右两边从外向里对称镶嵌1厘米红布边，五色布边各一道，4厘米五色齿形纹绣边一道。裙身靠裙头处分左右绣对称图案一对，图案依个人的喜好，龙凤花鸟，各显巧手；图案一般多为凤凰或牡丹等。

　　围裙配织带如图3-116所示，常为白底黑纹手织带，织有田、禾、丰等类似文字的图案，与景宁织带相仿。

（4）下装

　　如图3-117所示，福安式女裤多为黑色棉布制。夏装则为纻布。出嫁做新娘时，用青色绸缎或精哗叽做布料。外穿蓝色或紫色的叠脊"虎牙裙"，裙上刺绣着"凤穿牡丹"等花鸟图案作为装饰，腰间捆缚宽腰带，正面垂两条长一米的飘带。不分季节一律穿短裤，扎绑腿。绑腿形制与景宁式相仿。福安式女下装也包括及踝长裙（图3-118），两侧腰间打褶，类似于景宁半身裙，只是腰头更宽。

（5）足衣

福安装畲族妇女多穿单鼻"虎牙鞋"，鞋头如图3-119所示比鞋身高出3厘米左右，鞋两旁以羽毛布"沉地"。因常用五色线在鞋上绣"虎牙"花纹作为装饰，故称"虎牙鞋"。福安地区妇女也有穿无鼻绣花布鞋的。

（6）其他

福安银饰品类繁多（图3-120），其中最具代表性的莫过于畲族妇女胸前佩戴的花篮式胸牌（图3-121）。

图3-114 福安围裙

文物来源：征集于福安市坂中乡亭兜村钟或莲，2001年收藏于浙江省博物馆，编号1333#，民国时期制作，长35厘米，腰围宽52厘米。

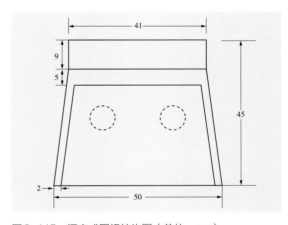

图3-115 福安式围裙结构图（单位：cm）

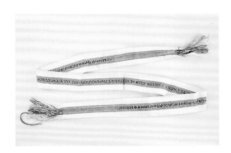

图3-116 福安彩带

文物来源：浙江省博物馆，编号1334#。

图3-117 福安式女裤

图片来源：钟雷兴等编《闽东畲族文化全书：服饰卷》。

图3-118 畲女裙

文物来源：征集于福安市朝阳新村钟阿青，2001年收藏于浙江省博物馆，编号830#，长83厘米，腰围宽110厘米。

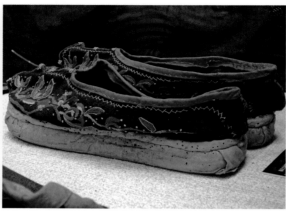

图3-119　福安式虎牙鞋

图片来源：笔者于2018年1月24日摄于厦门大学人类学博物馆。

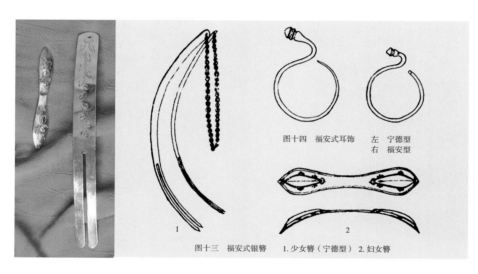

图3-120　福安式银饰图

图片来源：左图：由汤瑛女士于2010年提供；右图：潘宏立《福建畲族服饰研究》图录之图十三、图十四。

图3-121　畲族典型胸饰之福安花篮式银胸牌

图片来源：2010年4月笔者摄于福建省宁德市蕉城区八都镇猴盾村。

3.1.8　罗源式

　　罗源式畲服流行于福州市的罗源县和连江县，以及与福州市罗源县毗邻的宁德市蕉城区南部的飞鸾镇，常也称为连罗式。如图 3-122 所示，除发髻略有不同外，其畲族女装服饰特征大同小异，纹饰最为绚烂。罗源式服饰面料多为黑色，衣领上镶有花边，由红黄绿、红蓝、红黑、红水绿的顺序排列成柳条纹图案。自上而下，色调丰富，富于层次感。民国以前该地畲族妇女不分四季均穿黑色短裤，打黑色绑腿，系以花绳，显得很精干。

（1）头饰

　　①发式：未婚少女发式比较简单，通常是如图 3-123 把头发高高地束在脑后，再用一束约 80 厘米长的红毛线跟头发并在一起，另用一大束约 200 厘米长的红毛线把头发和并在一起的毛线缠绕紧后再从右向左盘绕于头上，看上去像是头上套着一个大红色的发圈，彰显出青春朝气。

　　罗源式妇女发式最为醒目，常被称为盘螺式、凤凰头，系用红色绒线缠发梳扎至头顶，约达 15 厘米高。弯至额头，缠圈成一块直径约 8 厘米大的扁圆型发髻，盖在额顶上，并横拴小银簪，畲语称"凤凰头髻"，状若优雅曲颈的凤首。连江、罗源及飞鸾三地的额顶发髻略有差异。连罗型发髻更显扁平，呈下圆上尖的水滴形（图 3-124A），或由内向外的螺旋形（图 3-124B）；飞鸾发髻则更立体饱满，呈发桃状，中间还常以黄色毛线为芯（图 3-124C）。

　　Ⅰ 连罗型：连罗型妇女发式包括如图 3-125 所示的部件，从上到下依次为：一根用 60 厘米长的铁丝弯成的支架，支架平直的一端用深蓝色毛线缠绕约 25 厘米，余下的部分用大红色毛线缠满，并留出约 90 厘米红毛线备用；一束 10 股以上的长约 2 米的大红色毛线；一束 4 股组成的长约 80 厘米的黑色毛线；一根 3 股线编好的 1 米长黑绳；4 支银色发卡；2 根黑色皮筋；一支带

A 罗源　　　　　　　　　　　　B 连江　　　　　　　C 飞鸾

图 3-122　罗源式畲族盛装

图片来源：A 为汤瑛女士提供；B、C 由福建省福州市罗源县霍口乡福湖村文化礼堂提供。

图3-123　罗源式未婚少女头饰

图片来源：由汤瑛女士提供。

A　　　　　　　　　　　B　　　　　　　　　　C

图3-124　罗源式已婚妇女头饰

图片来源：A：由福建省福州市连江县东湖镇天竹村提供；
　　　　　　B：2018年1月21日笔者摄于福建省福州市连江县小沧畲族乡；
　　　　　　C：2010年4月18日笔者摄于宁德市蕉城区飞鸾镇南山村。

图3-125　连罗型妇女发式配件

图片来源：笔者于2018年1月21日摄于福建省福州市连江县东湖镇天竹村。

有30厘米长银流苏的发簪，流苏尾端有银牙签装饰；一块25厘米见方的红双喜纹手帕。

穿戴过程如图3-126所示，先将所有头发拢到后脑，分为左右两股，分别以S和Z捻向加捻，捻至约10厘米处合并，与前述支架的蓝色端绑扎在一起，再将支架翻起靠后脑至头顶。

图3-126　罗源式连罗型发式的穿戴过程

梳妆时间：2018年1月21日。

梳妆地点：福建省福州市连江县东湖镇天竹村。

调整好位置后用手帕覆盖后脑头发与支架的衔接处。再将支架另一端的红毛线在头顶边加捻边盘旋成扁圆螺旋型。此时的效果是为连罗式的一种（图3-124B）；还可再以前述2米长红毛线绑于支架继续盘绕，盘为下圆上尖的水滴形，再以发卡、银簪装点（图3-124A）。

此发式根据不同的年龄在造型和颜色上都会有变化。如图3-127所示，老年妇女的发式不用支架，更为低矮，仅将后脑发辫沿后脑勺盘至额顶，再在头顶盘旋为螺形或水滴形。颜色也常用更为素雅的深蓝色（图3-127A）。

II 飞鸾型：飞鸾式发式的支架制作略有不同，先要准备一根长约30厘米、外径约1.5厘米的竹管，把一束紫红色毛线用红头绳扎住一头，穿过竹管拽紧，让这束毛线与竹管相连，再用大号（8或者10号）铁丝30厘米插入毛线一端，与毛线束混为一体，用同色毛线绕紧，并把铁丝部分弯成直径12厘米的180度弧形，此时露在被外圈毛线缠绕之外的毛线束约有70厘米长。飞鸾式发式还需另备大红、紫红、黄、黑各色毛线数束，均截成约200厘米长短，用同色毛线从当中扎住，提起，变为100厘米长短的毛线束。罗源式飞鸾型发式的梳理过程如图3-128所示。

随着年龄的增长，飞鸾型和连罗型一样，高突状的发式也相对变小变扁；到了老年，就不再用竹制发饰，而只是用黑毛线缠绕发梢，再翻到头顶，用红毛线随意地在头顶缠个螺纹髻（图3-129右）。值得注意的是，由于青年妇女的发髻过高，不便再在其上搭配凤冠，故女子结婚时也常梳类似老年妇女的矮髻，如图3-130所示。

②凤冠：如图3-131所示，罗源式凤冠冠身为一竹筒，长约15厘米，直径约5厘米，下端开一弧形缺口，上裹红布，红布外包着银匦。银匦是如图3-132所示加工成薄如纸的长方形银片，宽约14.5厘米，长约15.5厘米，下端有一个长8厘米、宽5厘米的弧形开口。上錾各种花纹和神像，正面为变形龙头纹。冠身覆一红色麻布罩饰，尾部伸出，饰以竹木制四齿发簪，外蒙红绸或红色细麻布。冠首两旁各饰两条蓝色玻璃珠与尾部连接，还附上各种银链、

| A | B | C | D |

图3-127 连罗式老年发式

图片来源：A由福建省福州市连江县东湖镇天竹村村委提供；B~D为2018年1月21日笔者摄于该村。

图3-128 飞鸾型发式的梳理全过程

梳妆人：雷爱珠，女，畲族，1972年生。

梳妆时间：2010年4月18日。

梳妆地点：福建省宁德市蕉城区飞鸾镇南山村。

图 3-129 飞鸾式妇女和老年
发式对比

图片来源：由汤瑛女士提供。

图 3-130 戴凤冠时的发式

图片来源：2017年8月21日摄于福建省福州市罗源县松山镇竹里村。

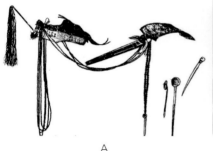

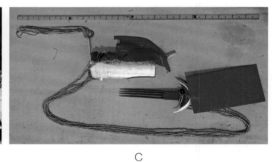

A   B   C

图 3-131 罗源式凤冠

图片来源：A：潘宏立《福建畲族服饰研究》图录之图八；B、C：2017年8月21日摄于福建省福州市罗源县松山镇竹里村国家级畲族非遗传承人兰
曲钗师傅处。

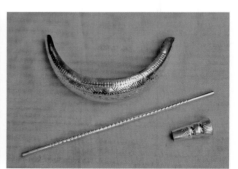

图 3-132 罗源式凤冠上的银饰

图片来源：由汤瑛女士提供。

银簪、牛骨簪等饰物。冠身戴在发髻顶部，尾饰插于发髻后，用与匲配套的银簪固定，玻璃珠饰分垂于两肩。

（2）上衣

如图3-133所示，现代盛装的绣花面积特别大，色彩鲜艳的花边几乎占满全身，花色多彩，做工考究。穿此上衣时应内衬小翻领的白衬衫，胸前佩以银扁扣（图3-134），穿着时常如图3-135所示将两侧的后开衩向后折叠，使后片形成向后微微翘起的姿态，配合松花腰巾，恰如凤尾。

罗源式男子传统礼服为如图3-136所示蓝布长衫，与图3-74所示泰顺畲族男礼服类似。

（3）腰饰

飞鸾装围裙（又称围兜）分为当新娘时的围裙（图3-137A）和日常式围裙（图3-137B）两种。

新娘围裙为长方形，长（高）30厘米，宽34厘米。裙头是6.5厘米白布，下压一条2毫米的红边。再下是沿着两旁和底边绲上1厘米的白边，然后是对称成直角地压上每色2毫米的五色彩边和每道1厘米宽的绣花边交替的七重花边。又从围兜正中往两旁接7道边压上两片扇

图3-133　现代早期罗源式盛装

图片来源：笔者2017年8月21日摄于福建省福州市罗源县畲族服饰省级传承保护基地。

图3-134　罗源式银扁扣

图片来源：笔者2010年4月18日摄于宁德市蕉城区飞鸾镇南山村。

图3-135　罗源式盛装后部穿着效果

图片来源：笔者2018年1月21日摄于福建省福州市连江县东湖镇天竹村。

图3-136　罗源式男长衫

图片来源：笔者2018年1月21日摄于福建省福州市连江县小沧畲族乡。

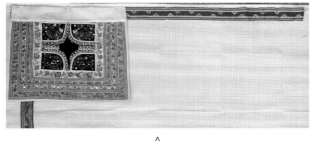

A

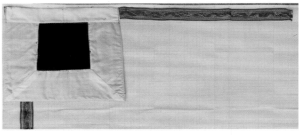

B

图3-137　罗源式围裙

图片来源：笔者2018年1月21日摄于福建省福州市连江县小沧畲族乡。

形的绣花图案，再顺直角压上几道绣花边。整条围兜就只剩下宽2厘米、长10厘米的尖形黑色的底布了。绣花边里还穿插缝上各色小金属片，穿在身上，艳光闪烁；与上衣丰富的刺绣相配，非常艳丽。也有花色稍简单些的，围兜从外向内呈直角形，依次压上如上所述的五色彩边与绣花边交替的七重花边后，就不再另压绣花边，而是直接在围兜的黑布面上绣上花鸟和大朵云纹。

　　日常式围裙的尺寸如图3-138所示。除白色裙头外，其余三边均压上6～8厘米的白边，简朴平实。穿着时在上衣外先扎一条枣红与白相间的条纹腰带，再用一条蓝白间杂花色的腰带把围兜紧扎在腰间。

　　罗源式盛装配有两条腰带，均是细麻布料而成。如图3-139A所示带长约170厘米，宽22厘米，两头有30厘米红色长穗；腰带是以枣红色与乳白色相间的线条花样为主，两头是分为两段各14厘米的大红色，两段大红色中间又插有3厘米腰带主色调的线条形花样。如图

3-139B所示带长145厘米，宽34厘米，两头是7厘米的花边穗。腰带中间是长120厘米的土法染制的蓝底白碎花图案；两头12厘米长的绣花边把腰带圈成双重、15厘米宽。绣花边图案多为花鸟、凤凰，色彩均选艳色。

（4）下装

如图3-140、图3-141所示，罗源式盛装的下装多为黑色过膝布裙，裙边有红色线段条纹和红白相间的犬牙纹。布裙尺寸如图3-142所示，长67.5厘米，宽140厘米。裙头宽110厘米，长7.5厘米，蓝色或红色，两边带耳。裙身从外向内28厘米处左右各打一个褶裥。下摆处2厘米宽处有用针线绣出来的五色边；五色边上绣着间隔匀称的9厘米长的红色条纹16条；红色条纹间绣着红白相间的齿状花纹各五齿。过去罗源式盛装的下装也有如图3-143所示及膝短裤。

罗源式畲女服搭配三角形绑腿。绑腿宽29厘米，长55厘米，多以黑色纯棉平布缝制而成，末端有红色缨络和红布条用来把绑腿捆扎到小腿上（图3-144）。

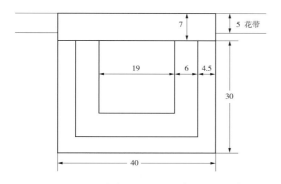

图3-138 罗源日常式围裙结构图（单位：cm）

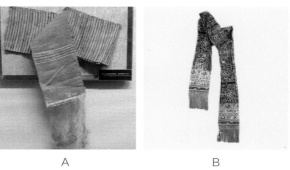

A B

图3-139 罗源式盛装腰带

图片来源：A：2010年摄于厦门大学人类学博物馆；B：浙江省博物馆藏，编号761#，罗源式花腰带，2001年征集自福建罗源福源村兰冬花处，长170厘米，宽12.3厘米。

图3-140 罗源式盛装

图片来源：笔者2018年1月18日摄于福建省福州市罗源县霍口乡福湖村畲族文物陈列馆。

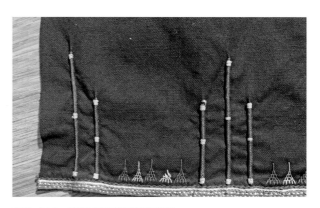

图3-141 罗源式半身裙裙摆细节

图片来源：笔者2017年8月21日摄于福建省福州市罗源县畲族服饰省级传承保护基地。

（5）足衣

罗源式畲族绣花鞋为如图3-145所示的单鼻虎牙鞋。其特点是鞋头翘起，与福安式虎牙鞋类似，但罗源式虎牙鞋在鞋后覆有一片盾形盖片，为其他类型所不兼具。

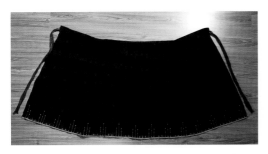

图3-142　罗源式盛装裙及结构图（单位：cm）

图片来源：笔者2017年8月21日摄于福建省福州市罗源县畲族服饰省级传承保护基地。

图3-143　罗源式短裤

图片来源：笔者2017年8月21日摄于福建省福州市罗源县畲族服饰省级传承保护基地。

图3-144　罗源式绑腿

图片来源：笔者2017年8月21日摄于福建省福州市罗源县畲族服饰省级传承保护基地。

图3-145　罗源式单鼻虎牙鞋

图片来源：2017年8月21日摄于福建省宁德市中华畲族宫。

（6）其他

传统罗源式畲族银饰包括戒指、耳环和手镯等，都精巧古朴。常錾有如图 3-146 左所示几何花纹，当代也采用写实花草纹（图 3-146 右）。

3.1.9　延平式

延平区现有畲族人口约 2800 多人，主要分布在水南街道岭炳洋村，西芹镇吉洋、后甲村，夏道镇水井窠村，洋后镇洋后村，峡阳、王台、来舟镇也有少数畲民。据《南平市志》记载，当地畲族少女婚嫁时，穿 "凤凰装"，拜堂时着绣满奇花异草的百褶红裙，脚穿方头钩鼻绣花黑鞋。头饰用红毛线将长发系为一束，挽在头顶结成高髻，冠以尖形布帽，形似半截牛角，上贴一片薄短银牌；发髻插上簪环等银饰和各色珠子，下垂前额遮掩面部；前顶插有三把银凤花，左中右围成一环[53]。所记述的服饰特征与福鼎式颇为相似，但近期田野调查表明延平地区畲族服饰另有特色。

（1）头饰

①岭炳洋型：岭炳洋头饰如图 3-147 所示，主要流行于水南街道岭炳洋村，西芹镇吉洋村和夏道镇水井窠村。

头饰配件有：6 只前宽后尖刻有观音童子花卉纹的银钩；一只圆形银匙；一条形如假发的黑色水纱；2.6 米长的紫红毛线。

梳妆过程如图 3-148 所示，先用黑色水纱勒住前额并紧紧包于脑后发髻打结系紧，再将银匙居中放于前额顶中央，两边各排列三支银钩，用红头绳贯穿固定于黑水纱上，然后用红毛线绕着脑后的发髻一圈圈缠绕固定，最后在右髻上方斜插一枝圆形纹饰银钗。

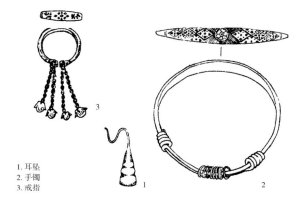

1. 耳坠
2. 手镯
3. 戒指

图 3-146　罗源式畲族银饰

图片来源：左：潘宏立《福建畲族服饰研究》图录之图七；

右：宁德市 "盈盛号" 金银饰品有限公司林贤学董事长提供。2010 年上海世博会福建馆指定礼品。

图3-147　岭炳洋头饰[48]98

图3-148　岭炳洋头饰的穿戴过程[48]97

梳妆人：雷冬珠，女，畲族，1933年生。

梳妆时间：2011年夏。

梳妆地点：福建省南平市延平区岭炳洋村。

②后甲型：如图3-149所示，后甲头饰可看作岭炳洋头饰的简化版，仅需银钩及红头绳即可完成。主要流行于西芹镇后甲村。

近十年来还有更简化者，如图3-150所示，为一个已经成型的帽圈，需要时扣于头上即可。

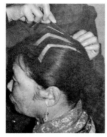

图3-149　后甲头饰的穿戴过程 [48] 98　　　　　　　　　　　　　图3-150　现代简化延平
头饰 [48] 98

③赤岭型：如图3-151所示，在延平区太平镇刘家村赤岭坪和南平市延平区洋后镇洋后村锅厂自然村等地，传统的畲族服饰以刀剑形头饰最有特色。

（2）上衣

延平式男女上衣如图3-152所示。女子上衣为蓝色薄棉布制的大襟右衽及膝襦，前襟、领围及袖口处均有约15厘米宽黑苎麻布贴边。贴边旁再绣三条约5厘米宽的彩带。男子上衣为类似中山装的黑色立领对襟开衫，领围、门襟、袖口装饰有约2厘米宽花边。

3.1.10　顺昌式

顺昌畲族人口有8000多人，分布在岚下、大历、际会、洋墩、双溪、洋口等地。顺昌位于闽北大山区，原始森林覆盖全县，中华人民共和国成立前没有公路，只有闽江上游富屯溪与金溪汇合处的一条河作为水道，故保存着与其他地方畲族不一样的奇特服饰和风俗习惯。据顺昌县人民政府网站介绍，顺昌畲族男童穿枇杷桐，形圆如桐树皮；青年、中年、老年男子戴蓝色布帽，后面缝一块米黄色的布，代表高辛皇、盘皇的子孙，黑腰带围三圈；畲族女性1～3岁留中间头发，3～6岁留长发，10～16岁将长辫子圈于头顶，18～19岁梳头髻，衣

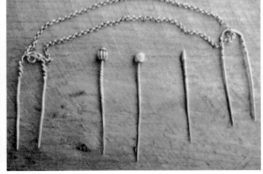

图3-151　赤岭头饰 [48] 101　　　　　　　　　　　　　　　　　　图3-152　延平男女
上衣 [48] 100

服饰三条花边，下配裙子；新娘装为蓝色三条花边的长衫，头簪上披红布戴金簪，插银钗，挂珍珠，穿绑腿，脚穿绣花鞋[54]。

（1）头饰

顺昌式头饰在当地被称为盘瓠头。如图3-153所示，顺昌式头饰配件包括：

由几十甚至上百支（图3-153为58支）银簪排成的扇形银饰头笄（图3-154）。扇形银饰中的银簪如图3-155所示，每支长约18厘米，前端折回呈钩形，上面的圆片宽2.8厘米，长2.5厘米，正面刻有凤穿牡丹、观音送子、仙鹤延年、福禄（鹿）高升（竹）和熊猫等纹样（图3-156）。有的银簪背面鉴有"聚成"章，为元坑的银饰师傅作坊名号，过去发簪可代表家庭贫富，富者戴银簪数多，贫者戴铜簪数少。

如图3-157所示的"弄须排"。红色线绳编织而成，主体长33厘米，宽7厘米，两边系带长约40厘米。如图3-158所示的"头毛攀"。为现代简易化的包头。"头毛攀"上已装饰好如图3-159所示"髻心"。还有用于最后固定的侧边簪"居边妆"（图3-160）和耳挖形长簪"挖耳勺"（图3-161）。

已婚妇女还要戴垂着长流苏的花巾。

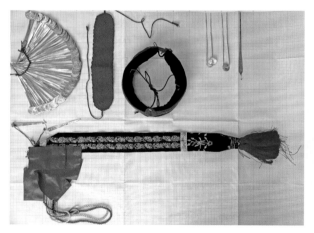

图3-153 顺昌式畲族头饰配件

图片来源：2018年1月15日笔者摄于福建省南平市顺昌县畲族文化研究会。

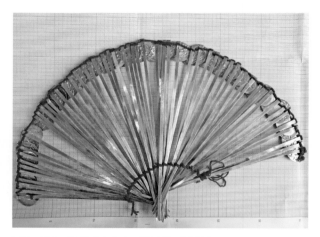

图3-154 顺昌式畲族扇形银头饰"头笄"反面

图片来源：2018年1月15日笔者摄于福建省南平市顺昌县畲族文化研究会。

图3-155 顺昌式畲族扇形银头饰中的一支银簪

图片来源：2018年1月15日笔者摄于福建省南平市顺昌县畲族文化研究会。

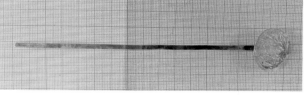

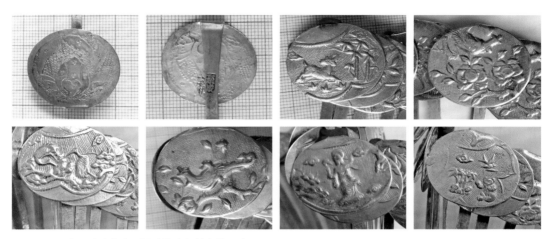

图 3-156　顺昌式畲族扇形银头饰中银簪上的图案

图片来源：2018 年 1 月 15 日笔者摄于福建省南平市顺昌县畲族文化研究会。

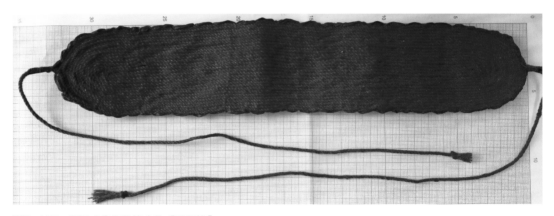

图 3-157　顺昌式畲族头饰中的"弄须排"

图片来源：2018 年 1 月 15 日笔者摄于福建省南平市顺昌县畲族文化研究会。

图 3-158　顺昌式畲族头饰中的"头毛攀"

图片来源：2018 年 1 月 15 日笔者摄于福建省南平市顺昌县畲族文化研究会。

图 3-159　顺昌式畲族头饰中的"髻心"

图片来源：2018 年 1 月 15 日笔者摄于福建省南平市顺昌县畲族文化研究会。

①少女头饰：顺昌式少女头饰如图3-162所示。梳妆过程与延平式类似，第一步也是先用黑头纱包头。以前用的是三尺长黑纱，先包几圈再加捻打成绳子包围固定，再把头发盘起来，箍成"抹额"状，然后在包头外盘如图3-159所示"髻心"，最后加一个红色线绳编织起来的"弄须排"（图3-157）。现在已简化为直接戴一个如图3-158所示黑色绒布圈——"头毛攀"。第二步是戴如图3-154所示银发簪"头簪"。第三步是在脑后两侧插如图3-160所示侧边簪"居边妆"。最后戴如图3-161所示耳扒"挖耳勺"。妆成效果如图3-162所示。

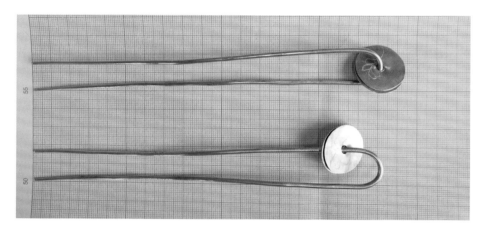

图3-160　顺昌式畲族头饰中的侧边簪"居边妆"

图片来源：2018年1月15日笔者摄于福建省南平市顺昌县畲族文化研究会。

图3-161　顺昌式畲族头饰中的耳扒"挖耳勺"

图片来源：2018年1月15日笔者摄于福建省南平市顺昌县畲族文化研究会。

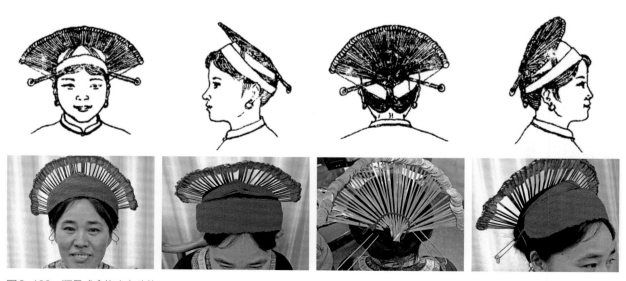

图3-162　顺昌式畲族少女头饰

图片来源：上图：潘宏立《福建畲族服饰研究》图录之图三十三；下图：2018年1月15日笔者摄于福建省南平市顺昌县畲族文化研究会。

　　以前妇女坐月子时也常梳成到第一步为止的黑布包头的发式，外面不戴头饰，头发打成发髻。

　　②妇女头饰：顺昌式妇女头饰是在少女头饰的基础上再于后脑覆一条如图3-163所示花巾。花巾由8块红色长方形布片、一根长长的飘带及两根发钗组成。如图3-164所示，佩戴时先将两根发钗分别从左右方斜插入发髻进行固定，再将珠串盘绕其上，然后沿扇面铺好8块红布，最后将飘带覆于其上用发钗固定，最终效果如图3-165所示。

　　现代也有将上述所有配件都整合到一个如图3-166所示成品中的做法，称其为盘瓠帽。

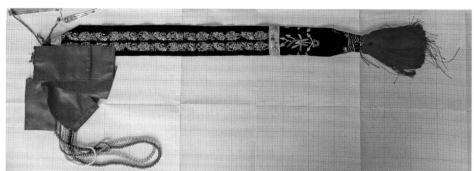
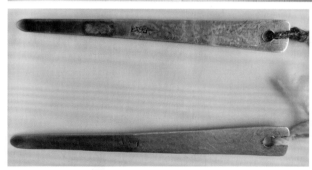

图3-163　顺昌式畲族头饰中的花巾

图片来源：2018年1月15日笔者摄于福建省南平市顺昌县畲族文化研究会。

图3-164　顺昌式畲族花巾的佩戴方法

图片来源：2018年1月15日笔者摄于福建省南平市顺昌县畲族文化研究会。

图3-165 顺昌式畲族妇女头饰

图片来源：上图：潘宏立《福建畲族服饰研究》图录之图三十五；下彩图：2018年1月15日笔者摄于福建省南平市顺昌县畲族文化研究会。

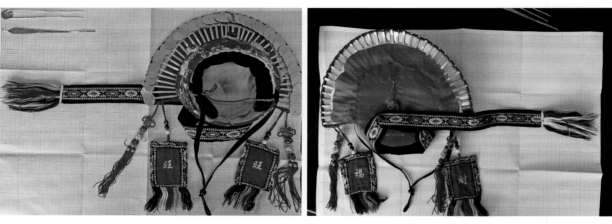

图3-166 顺昌式简易版盘瓠帽

图片来源：2018年1月15日笔者摄于福建省南平市顺昌县畲族文化研究会。

（2）上衣及下装

据潘宏立先生于1985年考查，顺昌式畲女上衣主要为黑蓝二色，也为右衽大襟，窄细立领，衣身较宽大，前后等长，袖口和衣衩内缘绲红边，衣领和大襟角绣有简单的纹饰，用色多为红、绿、黑、白（图3-167）。通身使用布扣，领口二个，右衣襟角四个。裙子均为黑色，长过膝，但较其他地方的结婚裙子短。裙子上缘有白边，裙身两侧边缘有红绿绲边，上饰黑色几何纹。有的裙子下绣有两条平行红线，裙身十数褶，但无花饰，裙上接有系带。绑腿为白色梯形，上有红色和黄色系带，黄带长82厘米，红色系带较宽，达2.5厘米，全长100厘米余，其中尾端接有17.5厘米的深红色布。绑腿绑好后呈现红黄白色相间，显得美观大方。与田野考查所得资料一致。

据当地畲民表述❶，自20世纪50年代后，当地畲民就很少穿着传统民族服饰。以前结婚装不是红色的，而是上衣是蓝色，下面配黑色的大摆裙。只有新娘坐轿子结婚时，才会在头上铺一个六尺的红布。婚礼时也会跳马灯舞或火把舞。现代顺昌畲族新娘服饰如图3-168所示，胸前配12厘米宽八卦铜牌。平日盛装多为图3-169所示款式。

图3-167 顺昌式畲族女服图像

图片来源：笔者2018年1月16日翻拍于溪南村大坪22号。图片中女子为雷路妹（1914年出生，本地人），74岁去世（1988年）。画像为1971年绘制。

（3）足衣

花鞋与其他地方的相似，为自纳黑色布鞋，鞋口边缘镶红边，头较高，并往前突。鞋中脊起棱，镶红色曲折纹，鞋头两侧绣简洁的红花绿叶图案（图3-170）。

3.1.11 光泽式

光泽位于福建省西北边界，全县畲族人口共有3千余人。光泽畲族人口主要居住在光泽北部司前乡的司前、

图3-168 现代顺昌式畲族新娘服

图片来源：由雷弯山教授提供。

图3-169 现代顺昌式畲族女服

图片来源：笔者2018年1月15日摄于福建省南平市顺昌县畲族文化研究会。

❶ 资料来源：蓝桂妹，1953年生，顺昌县畲族服饰非遗传承人。

图3-170　顺昌式畲族女鞋

图片来源：潘宏立《福建畲族服饰研究》图录之图三十六。

碗厂、墩上、东山四个行政村及寨里镇的桥湾、太银、官桥、浆源四行政村。据田野调查，原光泽式流行地区现已汉化严重，服饰特点与当地汉族并无明显差异。根据潘宏立先生1985年调查的结果，当时光泽妇女仅在头饰上具有特色，其他与汉族相似，也没有戴凤冠"髻"的传统。

（1）头饰

①少女发式：如图3-171所示，少女头梳法简单，先将头发梳直，额前留下刘海，将头发分三股在脑后辫一条长辫，在首尾处扎一段红头绳。

②妇女发式：如图3-172所示，妇女头先用豪猪刺理直头发，将头顶中间的头发扎起，随后将其余头发拢于脑后并束好，再与中束头发合扎，绾成螺髻，插上长约10厘米的小银簪，然后蒙上黑色包头巾，也有不戴包头巾的，最后用系白花纹的红色带子缠绕四五圈。

图3-171　光泽式畲族少女发式

图片来源：潘宏立《福建畲族服饰研究》图录之图三十八。

图3-172　光泽式畲族妇女发式

图片来源：潘宏立《福建畲族服饰研究》图录之图三十九。

（2）上衣

20世纪80年代时，光泽妇女不论婚否都穿如图3-173所示蓝色或黑色右衽大襟衣，没有绲边和绣花。平时妇女们喜在胸前挂一条黑色大围兜。裤子、鞋子均为汉式。结婚时穿裙。裙子式样与其他地方相似，不同的是颜色为水红、较鲜艳，质地为绸布，上有凤凰花草等暗纹。

（3）饰品

如图3-174所示，光泽畲族银饰包括头簪、耳饰、手镯、戒指，均分妇女式和少女式。妇女簪为弓形，两头宽腰部窄，整体较小巧，全长9厘米。簪面两端錾有精细的带叶菊花纹。少女簪很有特点，为一长5.5厘米、宽0.8厘米的多曲形。青年妇女，包括未婚少女所戴的耳饰为一凹柄短勺状，其中帽状部分直径为0.8厘米。老妇的耳饰最具特色，其上方为一昂首展翅的凤鸟形，而翅膀上的银链吊有心形小银饰，鸟下挂着一个镂空的花卉纹扁球体，底下吊着八支纤细的银棒饰。耳饰通高5.5厘米。青年女子戴的手镯为环形索状，老妇戴的为缺口环状，两种直径均为6厘米。少女所戴的戒指环状部分较细，饰面为椭圆形，上铭鹤纹；另一种妇女所戴的戒指，外形似福安式，但环状部分并不相接，而是交叉状。戒面为方形，上铭花卉及几何纹。

3.1.12 漳平式

漳平县位于福建省中南部。漳平式服饰流行于漳平、华安、长豪等县，漳浦畲族改装前

图3-173 光泽畲族上衣

图片来源：潘宏立《福建畲族服饰研究》图录之图四十九。

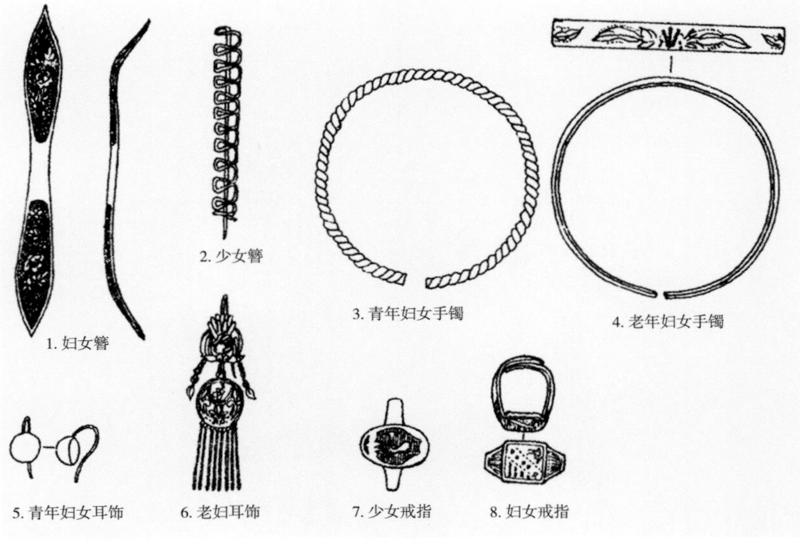

图3-174 光泽式畲族银饰

图片来源：潘宏立《福建畲族服饰研究》图录之图四十。

1. 妇女簪　2. 少女簪　3. 青年妇女手镯　4. 老年妇女手镯　5. 青年妇女耳饰　6. 老妇耳饰　7. 少女戒指　8. 妇女戒指

也着漳平式畲服。

至20世纪80年代，少女头饰已无明显民族特点，与光泽式少女一样，背垂长辫，上下两端扎红头绳。

如图3-175所示，妇女发式明显与当地汉族不同。梳法较简单：先将头顶中央的头发集拢用红头绳打结，随后将四周余下的头发梳拢于脑后，并绾成坠壶状。接着再把后束头发向上翻，与头顶的发束联合扎上红头绳，插上银簪，最后把头发绾成螺髻，罩上发网。冬天有的还包着四角缀有红绒球的方头巾，头巾包好后，头顶并立着两朵红绒球，两肩各垂一朵。

①上衣：如图3-176所示，漳平式女式畲服也为右衽，形式与顺昌式相近，色多蓝色和黑色。领高5厘米，前后摆等长，领口及大襟边共有五个布扣。领部、袖口、衣摆均有花贴边，肩部及右襟边直至左襟衣衩均有绲边装饰。装饰边用色有黑、红、白、绿、黄等，花纹则多为花草及齿状纹。

②下装：女裤式样与旧式汉装裤相同。如图3-177所示，裤色黑，腰围、裤筒宽大，无衩无扣。其特点是裤管末端绲有齿状及水波纹花边。

图3-175　漳平式畲族妇女发式

图片来源：潘宏立《福建畲族服饰研究》图录之图四十一。

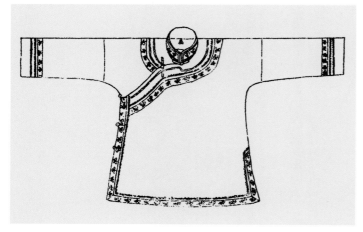

图3-176　漳平畲族女上衣

图片来源：潘宏立《福建畲族服饰研究》图录之图四十二。

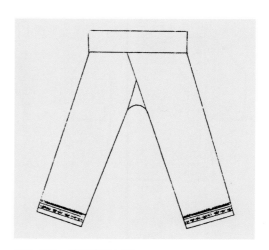

图3-177　漳平畲族女裤

图片来源：潘宏立《福建畲族服饰研究》图录之图四十二。

　　裙子现已独为结婚之用，平时绝不使用。如图3-178所示，其特点亦是宽大及踝，中有开衩，色红，绲黑边和黄色齿状纹边，中间的花边色彩鲜艳，有绿色底深红蝴蝶花卉纹，红紫色底绿、白花纹等。与明清之际流行的马面裙形制相仿。

　　③饰品：银饰包括耳饰、戒指、手镯等（图3-179）。其中以耳饰及九连环戒指最具特色。如图3-179A和B所示耳饰顶部有一蝴蝶形银片镶于弧状圈饰上，下面吊着十几串小银链，其尾端挂一细小的柳叶形银片，中间的银链上吊着花瓣形圆环，环上又挂有三串小银链。耳饰通长6.5厘米。这种耳饰多为老妇所佩戴。

　　戒指分为二式，一式是少妇戴的"九连环"戒指，如图3-179D所示它是由九个连环相互连接而成，结构精巧。在景宁地区也颇流行。另一种如图3-179C所示与光泽、福安相似，戒面有铭文，如"福"字等。多为老妇所戴。

图3-178　漳平式畲族女裙

图片来源：A：家乡网http://www.jiaxiangwang.com/cn/fjlongyan-zhangping.htm；《中国民族服饰文化图典》第89页；B：潘宏立《福建畲族服饰研究》图录之图四十三。

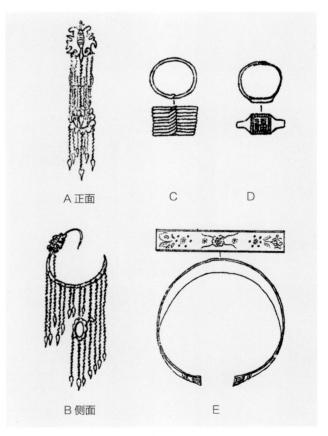

图3-179　漳平式畲族耳饰及戒指

图片来源：潘宏立《福建畲族服饰研究》图录之图四十五。

3.1.13 樟坪式

(1) 头饰

　　江西畲族在中华人民共和国成立前男性扎头巾，已婚妇女梳高头髻，未婚女子梳辫子。图3-180、图3-181反映了20世纪60年代畲族服饰的情况。中华人民共和国成立后男女同扎狗耳巾，头巾一角钉一个铜钱。最晚在1950年代，老人去世的时候还以老式头饰入葬。"狗耳巾"的戴法如图3-182所示。

图3-180　贵溪樟坪畲族妇女头饰

图片来源：《贵溪樟坪畲族志》中所载照片资料，王陵波摄。

图3-181　贵溪樟坪畲族男子头饰（1966年前后）

图片来源：《贵溪樟坪畲族志》中所载照片资料。

图3-182　"狗耳巾"的穿戴方法

梳妆人：蓝伙姊，女，畲族，1935年生。

梳妆时间：2012年8月15日。

梳妆地点：江西省贵溪市樟坪畲族乡。

如前图3-3所示，至迟到1990年，畲族妇女的头饰还是以花边巾覆头为主。而后开始向浙江丽水的额前纺锤形头饰转变（图3-183）。

（2）上衣及下装

如图3-184、图3-185所示，樟坪式畲族日常服饰与景宁式等大部分畲族地区常服款式相仿。传统畲族服饰特征在女服上还有所保留，中老年妇女常着青（黑）色右衽大襟装，袖口、领口、裤口等处镶有花边。男子日常服饰已与当地汉族无异。如图3-186所示，当代改良的畲女盛装服饰仅沿袭了右衽大襟的特征，虽然在面料选择和色彩搭配上更加丰富，款式造型趋于时尚俏丽，但是也逐步丧失了自身特色，连头饰也是采借了丽水式样。

樟坪式当代畲族男盛装如图3-187所示，头戴蓝印花狗耳巾，身着深蓝近黑色的对襟立领上衣和同色直筒裤，衣襟两侧及袖口、裤口均镶贴三道色彩艳丽的织锦花边，领口边缘及领座处也镶贴一条窄花边。在华东地区，此种款式的当代畲族男盛装最为常见。

图3-183　2008年江西樟坪畲族服饰

图片来源：《贵溪樟坪畲族志》，雷燕琴摄。2008年樟坪畲民雷良海一家四代参加在浙江景宁举办的"中国畲族民歌节"比赛，荣获"中国畲族十大民歌王"称号。

图3-184　贵溪市樟坪畲族乡当地冬装

图片来源：2012年8月15日笔者摄于江西省贵溪市樟坪畲族乡。

图3-185 贵溪市樟坪畲族乡当地夏装

图片来源：2012年8月15日笔者摄于江西省贵溪
市樟坪畲族乡。

图3-186 当代樟坪式畲族女盛装

图片来源：2012年8月15日笔者摄于江西省贵溪
市樟坪畲族乡。

图3-187 当代樟坪式畲族男盛装

图片来源：笔者2012年8月15日摄于江西省贵溪
市樟坪畲族乡。该服装为2000年后制作。

（3）腰饰

据田野调查，樟坪乡畲族妇女穿着长及小腿的围裙的习惯至迟保持到20世纪70年代。如图3-188所示为当代樟坪乡当地围裙，用料1米（3尺），完全没有边角料剩余，可达到100%利用。

（4）足衣

如图3-186所示，樟坪式盛装常搭配圆口一字襻黑布鞋。

3.1.14　六堡式

贵州省畲族服饰，民国以前保存完整，在头饰、色彩等方面具有浓郁的民族特色，妇女的衣服多是自己纺纱织布自己用。据清乾隆版《贵州通志》载："东苗……衣尚浅蓝色，短不及膝，以花巾束发。妇人衣花衣，无袖，唯两幅遮前覆后，著细褶短裙"[55]。民国《贵州通志》记载："男子衣用青白花布，领缘以土棉。妇人盘髻，贯以长簪，衣用土棉，无襟，当幅中孔，以首纳而服之……"[56]。到了近代《都匀县志稿》云："东苗……服饰类汉族，惟女皆青色带，着青色裤，项戴银环，不着裙"[57]。显然，虽然畲族人服饰随着时代发展而变化，但至今仍保留着"色尚蓝"等古代服装特征的痕迹。

（1）头饰

麻江县六堡式畲族女性头饰起着身份标识的作用，中年妇女和姑娘的发式各有不同。已婚妇女把头发梳向后侧挽成髻团，并用马尾等做成网子如拳头大小，成发团插上发簪，包上藏青色长约2米（6尺）、宽33厘米（1尺）白底蜡染兰花头帕（图3-189左二），现在则多用藏青

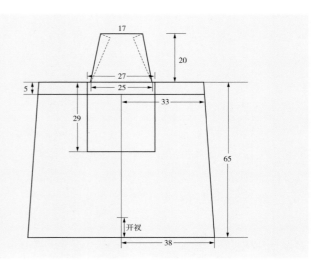

图3-188　贵溪市樟坪畲族乡当地围裙及结构图

图片来源：2012年8月15日笔者摄于江西省贵溪市樟坪畲族乡。

色头帕（图3-190）。姑娘头部用一根有色头绳扎实梳在后侧，并梳成独辫（图3-191）。

（2）上衣及下装

据当地七八十岁的老人回忆，几十年前的畲族服饰与当代差异很大。那时的面料均为自纺自织的青蓝色土布。男子着长袖长衫并腰扎青布腰带，或者布纽扣的短汗衫，下穿大裆便裤，从裤带由内往外吊一个用来装烟或打猎时装铁沙的"蜡盒"。女子着自己绣制的无领花排肩长袖及臀"父母装"，袖口绣有一圈15～20厘米宽的花边，腰系一条绣花围腰，银链束腰，下穿青色粗布裤子[58]。

如图3-192和图3-4所示，麻江畲族盛装分为大襟右衽式和交领式两种。大襟右衽式盛装，上装是右衽大弯襟青蓝土布硬边花衣，沿领口一周、胸前衣襟边和袖口处镶宽花边，配青蓝布腰带或系花围腰，下装为旧式普通长裤，仅在裤脚口镶有花边装饰[59]。

麻江交领式畲族盛装，据记载原为左衽，现在无论男女均为右衽。面料为图3-192B所示藏青色家织布，现在常用图3-193所示绿色红色等鲜艳的机织布。袖子由衣身袖和接袖两部分构成，衣身袖与衣身连裁，接袖袖长约52.8厘米（16寸）。接袖由蜡染和刺绣两段组成，蜡染段为白底蓝花，刺绣花纹段分上中下三部分，上下两边多为寿字纹、梅花纹，中部为花纹图案，多以牡丹、月季为主。麻江畲族盛装上衣相比其他畲族服式最有特色之处在于叠穿的着装方式，一般为三件、四件或六件叠穿。制作服装时面料叠放、衣片一次裁剪成形。每件衣服的下摆和衣角均有红、白两条刺绣花边装饰，内长外短，每层外面衣服均比里面一层短约7厘米（2寸），以露出里面衣服衣摆上的花边为宜，以展示刺绣技艺。盛装外再系一条丝织靛蓝色的腰带，腰带长约4米（1丈2尺），两端留有约16.5厘米（5寸）长的流苏。下装着大裤脚的藏青色大裆

图3-189　六堡式畲族妇女发式之一

图片来源：世代相传（刘登钦　摄）. 贵州文明网/麻江县委宣传部.（2015-08-10）http://gz.wenming.cn/xiaotu/201508/t20150810_2784396.shtml。

图3-190　六堡式畲族妇女发式之二

图片来源：钱仕豪. 麻江：畲族同胞欢庆"四月八". 当代先锋网.（2019-05-13　21:15:37）http://www.ddcpc.cn/znl/201905/t20190513_464312.shtml。

图3-191　六堡式畲族少女发式

图片来源：钱仕豪. 麻江：畲族同胞欢庆"四月八". 当代先锋网.（2019-05-13　21:15:37）http://www.ddcpc.cn/znl/201905/t20190513_464312.shtml。

A　　　　　　　　B

图 3-192　畲族盛装

图片来源：A 王晓云 摄；B 六堡村中心网站．http://ehome.jiangmen.gov.cn/5891/index.html.

图 3-193　畲家歌舞

图片来源：人民网贵州频道——贵州麻江：畲族同胞隆重庆祝畲族认定 18 周年．http://gz.people.com.cn/n/2014/1211/c344113-23189306.html. 2014 年 12 月 11 日 11:53.

裤，裤长及脚踝，裤口宽约 46 厘米（1 尺 2 寸），并镶有一道宽约 7 厘米（2 寸）的彩色桃花纹样花边。过去中老年妇女、姑娘小腿包蜡花白绑腿。

如图 3-192B 和图 3-194 所示，麻江畲族男子在重要活动和喜庆节日里穿着藏青色和蓝色长衫为盛装，喜在长衫腰部系宝蓝色腰带。穿盛装时，男子头部用长约 4 米（1 丈 2 尺）、宽约 40 厘米（1 尺 2 寸）的藏青色或蓝色的家织布缠绕。日常便装主要是对襟短衫，无腰筒裤。中华人民共和国成立后畲族服饰逐渐改变，20 世纪 80 年代后，大都穿现代装。

（3）足衣及饰品

麻江畲族无论男女平时赤脚或穿自编的草鞋，逢年过节或走亲串寨，穿上自制船形绣花鞋（图 3-195 上）、尖猫鼻形绣花鞋（图 3-195 下）。与周边其他少数民族一样，六堡畲族妇女喜戴各种银饰品，主要包括如图 2-192 所示银笞、大银花、小银花、银耳坠、银项链、银手镯、银戒指等。

图 3-194　六堡式畲族男子服饰

图片来源：钱仕豪．畲族传统民俗"开路经"表演．摘自《麻江：畲族同胞欢庆"四月八"》．当代先锋网．（2019-05-13　21:15:37）http://www.ddcpc.cn/znl/201905/t20190513_464312.shtml.

图 3-195　六堡式畲族绣花鞋

图片来源：夏帆．贵州畲族服装样式特征及成因探析［J］．装饰．2018，299（03）：113.

图3-196　麻江式畲族儿童盛装

（4）童装

麻江畲族童装如图3-196所示，为大襟或对襟布纽扣衣，青色或蓝色，衣长过膝盖。女童戴狗耳状并佩有银饰于前沿的布制"箍箍帽"，帽无顶，帽襜内塞棉花，宽约5厘米（1.5寸），两耳处稍宽，除脑后外其余均有刺绣装饰[60]。

3.2　现代畲族服饰文化变迁

中华人民共和国成立以后，确立了以民族平等、民族区域自治、各民族共同繁荣为核心的民族政策和制度，并采取了一系列政策措施以保障少数民族的平等权利。其中最重要的一个举措是1953年开始的民族识别工作。"畲"这一民族名称在1956年正式确定，这使得畲族作为一个具有独特文化的少数民族得到了承认和重视[27]24。20世纪50～60年代在少数民族地区进行的民主改革也促进了畲族与当地汉族人民关系的进一步拉近，两民族间的经济、社会交流大大增强。

以田野调查访谈为主，文献考据为辅，本节在民族政策支持、经济繁荣发展、文化交流深化的现代背景下对畲族服饰演变进行梳理，将其文化变迁类型归纳为激变、简化、稳进、采借、嫁接、消隐，并逐一择典型案例论述。

3.2.1　激变

浙江省丽水市景宁畲族自治县是全国唯一一个畲族自治县，其盛装常常作为畲族的代表性服饰出现。如图3-197所示，1999年中国邮政系统曾发行过一套以我国56个民族形象为图案的邮票，其中代表畲族出现的服饰形象就是"景宁式"服饰。

中华人民共和国成立后，国家制定和采取了一系列政策和措施来增强少数民族人民作为国家主人的自豪感。除培养和任用少数民族干部外，邀请民族代表赴京参观也起到了非常积极的作用。赴京观礼成为弘扬民族服饰文化的契机。钟玮琪是1957年浙江省少数民族"五一"赴京观礼代表团的成员之一。他在《毛主席的两次接见》一文中提到，观礼当天的清晨"三时左右，一个个代表都起床了，轻手轻足地走动着又小声地谈论着，男的整整衣服，女的梳梳头发，穿起民族服装，照照镜子……"[27]189。在这个最隆重的场合穿着本民族的服饰，既说明了民族服饰在少数民族人民心目中作为最高贵的礼服的地位，也说明了当时少数

图 3-197　1999 年中国
邮政邮票"畲族"

图 3-198　全国四届人大留影

图片来源：http://news.big5.lsnews.com.cn/
system/2012/10/19/010352440.shtml

图 3-199　中共十一大、十二大代表蓝盛
花（左）

图片来源：http://news.big5.lsnews.com.cn/
system/2012/10/19/010352440.shtml

民族服饰和文化得到了政府层面的认可和支持。图 3-198 所示为中国共产党第十一、十二次全国代表大会代表蓝盛花（1953 年生，景宁人）于 1975 年 1 月出席全国第四届人民代表大会的照片，从中可见许多身着少数民族服饰的人大代表。而蓝盛花在 1970 年代拍摄的照片中手持毛主席著作，身着畲族民族服装，流露出在当时的时代背景下她对自己民族身份发自内心的自豪感（图 3-199）。

少数民族地区经济的发展对畲族服饰产生了巨大的影响。畲族曾经有"脱草鞋"的婚俗，源于过去畲族人民生活很苦，一年到头都穿草鞋，就是在喜庆期间送彩礼的人，也是穿着草鞋来的。所以，交罢彩礼后，主人家要请他们洗洗脚，换上布鞋，再吃点心。到了 1960 年代，虽然还沿用脱草鞋的俗称，但草鞋早已被皮鞋、球鞋和布鞋所取代 [27] 69。

根据 2004 年田野调查时当地老人的描述❶，中华人民共和国成立到改革开放的这一时期，景宁畲族女子上身着右衽大襟立领青衣，下穿阔脚裤，腰系紫红与黑色相拼的拦腰（即围裙），男子着对襟衫、大脚裤。他们的服装与汉族同期服装的款式、裁制方法几乎完全一样，仅在拦腰、衣襟贴边等小细节处呈现出畲族自身服装的特色。春夏季一般穿着麻制上衣，衣长较短，衣摆及胯骨；冬天穿着棉制上衣，衣摆略过臀围。丝制衣服贴布边装饰有一定难度，所以一般没有花边，由于成本较高，家里比较殷实的人家才穿着，一般制成短装。畲族人民普遍生活水平不高，一般每人平均只有三件上衣。

如图 3-200 所示麻料女服在 1949~2000 年左右是景宁畲女最普遍的日常着装，一般村民家都保存有类似服饰。如图 3-201 所示，1980 年代某些乡村的老人家还穿着这种服装。

根据当时文献记载："解放后，完整的新娘装束已是少见。中年妇女花边衣，只镶花边二

---

❶ ★ 2004 年 3 月 3 日收集于浙江省丽水市景宁畲族自治县大张坑乡长雷爱兄先生（37 岁，畲族）和蓝秀花女士（58 岁，畲族）。
　★ 2004 年 3 月 4 日收集于浙江省丽水市景宁畲族自治县旱塔雷细玉先生（69 岁，畲族）。
　★ 2004 年 3 月 4 日收集于浙江省丽水市景宁畲族自治县双后泽蓝陈契女士（67 岁，畲族）。
　★ 2004 年 3 月 8 日和 12 月 3 日收集于浙江省丽水市景宁畲族自治县东弄蓝细花女士（50 岁，畲族）。

图3-200　麻料畲族女服

图3-201　1980年代畲家老人 [1] 图录页

文物来源：征集于大均伏坑半山雷秀花，2000年收藏于浙江省博物馆，编号701#，衣长75厘米，袖长124厘米，整件衣服面料以及衬料都由麻布制成，只在绲边处辅以蓝色平纹棉布。

至三条，衣领不镶花边，花边大都是浅兰色；老年妇女只镶一条棕黄色花边。中老年妇女头部装束如不戴髻，则把头发往后脑梳成螺旋式的发髻，中间扎红色绒线，外部套青线网罩，上部插数枝颜色不同的银簪（老年不插），这种发髻，称为'头毛把'。目前五十岁以上的妇女，还有不少保留这种装束。戴的银手镯、银戒指、耳环等饰品，老、中、青妇女之间的式样亦有区别。畲族穿的还有独特的'骑马鞋'（木屐）和单带草鞋" [27] 38。

　　据笔者2004年田野调查中记载，只有60岁以上的老年妇女才穿着前面所述右衽大襟短衫和拦腰，但不戴头饰，因头饰一般传给了儿媳。据当地村民介绍❶，民国和中华人民共和国成立初期畲服的制作过程通常是自种棉麻，自用或几家合用织布机织造面料，向挑货郎购得服饰辅料，请裁缝上门裁剪缝制，最后成衣染色。近三十年景宁畲族几乎没有畲民自家纺纱织布缝制衣服。虽然基本上每户畲民家里都还存有自用的织机，但现在一般都拆卸后束之高阁，只有少量人家将之摆于室内，但仅供游客参观，自己织布做衣的情况十分少见。据大张坑及东弄村里的老人说，三十多年前若家里还有劳动能力的老妇人不用务农，她们还会在家里纺纱织布。现今的畲服大多是从县城市场购买，从服饰的原材料供应渠道到染织制作方式截然不同。

　　中南民族大学民族学与社会学学院何孝辉同浙江工业大学王真慧博士于2012年7月14日至19日到浙江景宁畲族自治县进行了畲族文化调查（以下简称《调查》），调查内容显示：当今畲族妇女的服饰和头饰均采购于市场，一套服饰和头饰加在一起价格在几百元到上千元之

---

❶　★2004年2月28日、2004年3月7—9日、2004年12月3日收集于浙江省丽水市景宁畲族自治县三枝树蓝延兰女士（35岁，畲族）。
　　★2004年3月8日、2004年12月3日收集于浙江省丽水市景宁畲族自治县东弄蓝细花女士（50岁，畲族）。
　　★2004年5月20日收集于浙江省杭州市桐庐县莪山畲族乡张荷香女士（71岁，汉族）。

间。在敕木山村，村里仅有一二十个妇女有民族传统服饰，民族服装和头饰都是她们近几年才从县城买来的，一套服装要四五百元，头饰要看银饰重量和工艺，价格在几百元到上千元之间。在日常生活中妇女们都不穿着民族服装，只有到参加节目表演时或是村里来客人需要展现民族特色时，她们才会穿着民族服装、戴头饰，当问她们民族服饰美不美？为什么平常不穿着时，她们回答道，民族服饰是漂亮的，但现在穿起来做事活动不方便，同时民族服饰价格普遍都比现在平常穿着的服饰要贵，如果常穿坏了也很可惜[61]。

经济技术的发展使工业化批量生产的服饰以价格优势在畲族日常生活中取代了农村自给自足的手工服饰制品。从表面上看，似乎随着人们经济生活水平的提高，民族文化特征相应弱化。在婚礼等民俗活动中，畲族人借助民族传统服饰彰显民族身份、传承民族文化；在日常生活中，服饰并不需要突出其民族意义，而以实用性为主要功能。时值当代，工业化大生产使大量廉价服饰涌入市场，迅速替代传统服饰成为畲民以舒适、方便、价廉为首要要求的日常服。但是这并不表明经济的发展一定带来民族文化的退后。何孝辉的调查也提及，随着农村社会经济发展，在敕木山村出现妇女歌舞队，畲族中年妇女主动学习和传承畲族传统文化，购买民族传统服饰穿着等，这又体现了社会经济发展为畲族传统文化变迁与传承发展提供了良好的社会物质保障。

对民族文化产生实质性冲击的是全球化浪潮之下人们生活方式和思想观念的转变。据《调查》所述，现在人们在吃穿住行等方面的社会生活习俗都在发生变化，村里年轻人受教育水平提高、村里交通条件改善和现代传媒信息传播的影响等，人们思想观念和生活方式都在渐渐改变，年轻人不愿意学或是没有时间来学习传统文化，人们更愿意选择现代城市人的生活方式……[61]。

以畲族具有代表性的传统手工艺服饰品彩带为例。畲家彩带不仅有围系畲家"拦腰"（围裙）的服用功能，也是青年男女传情达意的信物，更凝聚着"三公主"等动人的传说，在畲族传统服饰文化中占有重要位置。但如今在景宁，传统彩带编织工艺面临着传承危机，敕木山村和大张坑村基本没有人会编织彩带，东弄村也仅有三四十个人会编织彩带，但她们大多平时都不再编织。东弄村畲族彩带工艺传承人蓝延兰说，编织一条彩带最少要三四天时间，而现在一个人在外打工，一天工钱就能买上三四条机器编织的彩带。由于手工编织彩带太耗时又不经济，所以人们都不愿意再编织。

在特定的时期，彩带等服饰品充当着畲族人民文化生活的重要载体，在如今畲族传统文化生存的社会文化空间不断缩减的情况下，脱离了原文化生态土壤的畲族服饰，不只其中凝聚的原料、工艺等文化特色在逐渐淘尽，其传达爱情等基于畲族传统民俗的社会功能也逐渐被抽离。与此同时，其外观形象、审美情趣、装饰手法和民间传说等视觉图像和心理表征离析下来，演变成用来彰显民族身份的文化符号。突出表现在两方面，一方面是为弘扬民族文化而举办的各类活动，以畲族文化节、服饰大赛为代表；另一方面是以推动经济为主要目的的旅游业民俗表演。

1984 年 10 月，析云和县原景宁地域建立景宁畲族自治县，是华东地区唯一的少数民族自治县。从20世纪80年代起,在福建、浙江等畲族聚居区陆续举办了一系列畲族服饰大赛,近年在景宁举办的"三月三畲族服饰大赛""中华畲族服饰风格设计大赛""中国(浙江)畲族服饰设计大赛"都具有很大影响力。特别是从2012年开始每三年举办一次的中国(浙江)畲族服饰设计大赛每次都收到来自全国各地如福建、广东、江苏、湖北、浙江、黑龙江等近10个省的服饰设计院校师生及专业设计师的逾千组参赛作品。从不同的视角对畲族服饰进行了解读、重构和创新。如图3-202所示,这无疑是民族传统服饰文化信息或元素符号和现代服饰设计与开发相结合、通过现代艺术文化和机器工艺来传承民族传统文化的有益尝试,在追求美、经济实用、穿着方便和现代时尚的统一,但很难界定这些作品是融合了当代时尚气息的新畲服,还是从畲族服饰激发灵感而设计出的当代时装。

畲服在当代的另一个舞台是由旅游业搭建的。在这里,它被作为商业和娱乐产品而重新包装。文化资源被商品化了,它不再只是一种人文涵养,而成为一种需要迎合市场的消费品。

图3-202 历届中国(浙江)畲族服饰设计大赛获奖作品

图片来源:2018年4月18日,第四届中国(浙江)畲族服饰设计展演。http://www.sohu.com/a/235356044_577713

如图 3-203 所示，在民俗风情旅游的表演中，新娘不是穿传统蓝色衣裳，而是穿红色缎面旗袍，非常类似汉族新娘的装扮。畲族服饰迎合着游客们心目中的"民族"服饰形象，变得鲜艳多彩，而这个形象并不是来自于畲族传统文化，却往往是大众媒体所塑造出的一种对"民族"形象的通感。可以说，这种改变是一定意义上的"与时俱进"，符合市场经济的大环境，同时也在一定程度上为民族服饰文化的生存和发展争取了空间。但笔者认为应注意遵循畲族服饰原有的文化内涵以及畲民的审美心理，避免损伤畲族服饰中长期积淀下来的内在价值。

综上所述，改革开放以来，在文化全球化的浪潮下，景宁畲族传统文化生存的社会文化空间不断缩减，脱离了原文化生态土壤的畲族服饰已逐渐退出畲族人民日常生活，其基于畲族传统民俗的社会功能逐渐被抽离，而其外观形象、审美情趣、装饰手法和民间传说等视觉图像和心理表征离析下来，演变成用来彰显民族身份的文化符号，在政府活动、旅游表演中结合当代工艺技术、设计美学和商业需求迎来多元化的发展，起着弘扬民族文化、推动民族经济的作用。

3.2.2　简化

据被邀请参观 1952 年国庆典礼的畲族代表蓝培星回忆，"政府给每位观礼代表定做一套呢制服，还有卫生衣、卫生裤、衬衣、短裤。农民代表又额外增加一套制服，内外共四套"[27]217。观礼代表的衣锦还乡，无疑也推动了现代服饰在畲族中的发展。

《畲族社会历史调查》中描述 20 世纪 50 年代丽水畲族服饰为"妇女梳发髻，戴银冠穿花边衣，裹三角令旗式绑腿和穿高鼻绣花鞋。夏天则穿自织的粗麻布衣服。现在穿民族服装的很少，有些老年人还保留着"[49]。吕绍泉在《丽水畲族简介》中提到："妇女喜戴头冠，穿花边大襟衣衫，戴银项圈、银手镯、银戒指，腰束织有花纹的丝带。从 50 年代后期起，年轻妇女已不喜爱这些古老的服饰，与汉族妇女穿着基本相同。而男人在中华人民共和国成立以前已与汉人穿着无异，不过色彩上偏爱蓝色[27]12。"表达出丽水地区畲族服饰文化心理的变化。

图 3-203　景宁民俗风情旅游中的婚俗表演场景

图片来源：2004 年 3 月 6 日笔者摄于浙江省丽水市景宁畲族自治县大均乡泉坑村。

如前文所述，近代丽水式头饰为如图3-204所示的由珠链缠绕在头上的高冠，与其搭配的发式也别有特色。而从20世纪70~80年代开始，丽水式头饰已简化为如图3-205所示发箍，从前额向后脑包覆系紧即可，装饰也以红绿金相间，比较浮夸。时至今日，现代丽水头饰的造型已演变为一个黑色头箍，头箍中间竖起一个红色布包小三角，头箍上再缀以珠串装饰。所有装饰均固定于黑箍上，因此佩戴时非常方便，只需将黑箍套在头上即可。或许正是因为其便利性，丽水式头饰在很多畲族地区广为传播。

3.2.3 稳进

福建畲族服饰历来独具特色，倍受世人瞩目。清代福建永定巫宜耀《三瑶曲》赞叹畲女丰彩："家家新样草珠轻，璎珞妆来别有情。不惯世人施粉黛，明眸皓齿任天生[62]"。如图

图3-204　近代丽水式头饰

图片来源：征集于丽水碧湖公社高溪大队，1959年收藏于浙江省博物馆。

图3-205　云和式畲族头饰

图片来源：由浙江省博物馆提供，1977~2000年间征集于云和平阳岗兰观海处。

3-206 所示，早在 1963 年 6 月 30 日国家邮电部就曾发行过一套"中国民间舞蹈"（第三组）特种邮票，其中第一枚即取材于福建霞浦县畲族婚礼服饰。

如图 3-207～图 3-209 所示，中华人民共和国成立后，在畲族最为密集的闽东地区，畲族服饰传承稳定，从发式、上衣、下装、腰饰、足衣到首饰均保持传统。

据《畲族社会历史调查》描述，"20 世纪 50 年代罗源畲族男子服饰与汉族完全相同，妇女服饰与汉族差异很大，中华人民共和国成立后畲族妇女的梳妆皆未改变，只有极少数女孩改为汉族服装和梳辫或剪短发。畲族妇女上衣很长，下穿未及膝的短裤，冬天也是一样。结婚时的服装也是一样的，只多一条短裙，裙上绣有红线花边，上衣在花领之外，绣有更多的花纹，花纹最多有两寸许（约 7 厘米），最少也有半寸以上（2 厘米）"[63]。可见当时的服饰与目前田野调查情况大致相仿，只是在穿着普及性和花边宽度上有所不同。对比图

图 3-206　1963 年中国邮政邮票——"中国民间舞蹈"（第三组 6-1）

图 3-207　福建仙岩的畲族妇女晒番薯丝，1957 年

图片来源：李仲魁 摄；畲族_中华全家福_图片站_新闻中心_腾讯网；https://news.qq.com/photon/act/CPP/shezu.htm

图 3-208　福建福安畲族社员堆积草木灰，备足春插肥，1960 年

图片来源：许信尧 摄；畲族_中华全家福_图片站_新闻中心_腾讯网；https://news.qq.com/photon/act/CPP/shezu.htm

图 3-209　技术人员在向畲族农民推广农业新技术，1964 年

图片来源：许信尧 摄；畲族_中华全家福_图片站_新闻中心_腾讯网；https://news.qq.com/photon/act/CPP/shezu.htm

图3-210 随着公路的开通，供销社的货物送进了畲族山村，1974年

图片来源：邓永庆 摄；畲族_中华全家福_图片站_新闻中心_腾讯网；https://news.qq.com/photon/act/CPP/shezu.htm

图3-211 福建霍口公社的畲族妇女在劳动间隙交谈，1980年

图片来源：民族画报供图；畲族_中华全家福_图片站_新闻中心_腾讯网；https://news.qq.com/photon/act/CPP/shezu.htm

图3-212 福建罗源、连江一带的畲族青年在"盘歌"，1987年

图片来源：艾力肯 摄；畲族_中华全家福_图片站_新闻中心_腾讯网；https://news.qq.com/photon/act/CPP/shezu.htm

3-210～图3-212可见，罗源式上衣的花边在70年代时宽度及肩，前襟处约15厘米，已比50年代的7厘米加宽不少；到80年代花边已宽至小臂，覆盖整个前胸，袖口也被花边铺满，几乎及肘。头饰也有由帖服头顶的扁平状变得越来越高耸壮观的趋势。

3.2.4 采借

安徽畲族人口约1682人（2010年），主要分布在宁国市。宁国畲族约占全省畲族人口的80%以上，有畲族行政村1个，其余主要分布于各省辖市。

安徽畲族人大部分是在清光绪五年（1879年）以后，从浙江桐庐、兰溪、淳安等县迁至宁国云梯乡一带。小部分来自福建省蒲城等地。散居在安徽其他地方的畲族人口，大多数是工作调动、学校分配或通婚联姻而来。千秋村畲族人自认来源于福建和浙江两省，或许也因此，他们的当代民族盛装采借了两地特色。千秋村村委会藏两幅畲族歌舞的照片中服饰广采福建罗源式、福建霞浦式和浙江丽水式的装饰元素。图3-213所示头饰为福建罗源式、服饰前襟近福建霞浦式；图3-214所示头饰一半为浙江丽水式、一半为福建罗源式，服饰近福建罗源式。

图3-213 千秋村村委会墙上照片之一

图片来源：2015年11月8日笔者摄于安徽省宁国市方梯畲族乡千秋畲族村。

在田野调查中所遇到的这样采借其他地区传统服饰装饰元素的例子比比皆是。笔者于2018年1月19日走访福建古田富达畲族村时，村里畲家人介绍，虽然富达畲村有二千余人，为闽省人口最多的畲族自然村之一，但汉化比较严重。即使清代在《皇清职贡图》中曾作为

图3-214　千秋村村委会墙上照片之二

图片来源：2015年11月8日笔者摄于安徽省宁国市方梯畲族乡千秋畲族村。

畲族风貌的代表而被记载，但目前已无本地畲家传统保留，近几年从周边的福安市和宁德蕉城区等地区参考借鉴过来，也不敢谈弘扬，而说"植入"。

与此同时，畲族服饰还存在向外族采借装饰元素的情况。如图3-215、图3-216所示，旗服马褂式云和装❶、搭配中东肚皮舞腰链的福安装，呈现出经济发展、科技进步、信息交换日

图3-215　旗服式的新云和畲族盛装

图片来源：2005年3月13日摄于浙江省丽水市云和县雾溪畲族乡。

图3-216　着腰饰的福安畲族妇女

图片来源：2010年4月16日笔者摄于福建省宁德市福安市社口镇牛山湾村。

---

❶ 马褂式服装下摆正中开口是为了适应骑马时的跨坐姿势，为典型的北方游牧民族服饰特征。

益便捷的当下，传统服饰所受影响来源的多元化。

3.2.5 嫁接

贵州畲族大部分是元末、明洪武年间，从江西赣江流域及赣东、赣东北一带迁入贵州贵定平伐一带，后迁居川黔各州府，自称"东家"。中华人民共和国成立后开始民族识别工作，东家人长期的民族族称未能得到合理解决，有的地区的"东家"人申报为瑶族等其他民族。故此1995年召开了"东家人民族认定座谈会"，东家人所分布的黔南州、黔东南州、都匀市、凯里市、福泉市、麻江县等县市代表参加，听取了考察团赴粤、闽、黔等省考察情况汇报，认为"东家"人与瑶族的族源、习俗等相差较大，而和畲族族源相同，均为百越后代，同在粤闽赣交界山区繁衍生息，虽"东家"人和畲族人现在生活地域相隔甚远，但语言文化、习俗、服饰、婚丧嫁娶等各方面民族特征上保持着基本相同的形态，属于同一民族群体[64]。1996年6月，贵州省人民政府分别以黔府函（1996）143号和144号两个文件认定黔南布依族苗族自治州之都匀市、福泉和黔东南苗族侗族自治州之凯里市、麻江县共4个县（市）的东家人为畲族。据第六次人口普查（2010年）统计，贵州畲族有36558人[65]。

贵州畲族原为"东家"人，"凤凰衣"原来称为"东家"衣。"东家"人认同为畲族后人，有文人从"东家衣"上众多的鸟纹图案以及"东家衣"的来历传说联想到闽浙地区畲族人的"凤凰装"，傍着"凤凰装"给其冠以"凤凰衣"之名。随着民族文化旅游的大发展，"凤凰衣"之名被广为传播，也逐渐被当地的畲族群众所接受，久而久之，"凤凰衣"之称呼便代替了"东家"衣[66]96。同时，服饰特征也开始受到华东畲族的影响。曾祥慧先生曾在文章中提到："第九届全国少数民族传统体育运动会上，贵州畲族的'阿扎猛'表演项目的服装就是完全用了闽浙地区畲族的凤凰头装饰，没有一点贵州畲族的服饰文化影子"[66]101。

3.2.6 消隐

畲族是广东早期的居民之一，闽浙地区的畲族一直流传自己的祖居地在广东潮州的凤凰山。然而1955年广东全省畲族人口仅为1321人。1955~1982年的27年间，净增长畲族人数为1844人。1988年以来，韶关市的南雄、始兴、乳源等地以及河源市郊区及东源县、和平县、连平县、龙川县等地部分蓝姓群众经民族工作部门调查识别，并报经上级政府批准，先后恢复了畲族的民族成分。由此促成20世纪90年代的畲族人口大增，到2010年，据全国第六次人口普查，广东畲族人口共计29549人。中华人民共和国成立以前，广东畲族人口一直不断地流动迁徙，只留下凤凰山的潮州；莲花山的惠东、海丰；罗浮山的增城、博罗；九连山的河源、连平、和平、龙川等目前被视为较大的畲族聚居区。其他人口则分别散落在各市、县乡村之间，形成了一个"大分散、小聚居"的分布格局。1999年7月7日，成立了广东唯一的畲族乡——河源市东源县漳溪畲族乡。然而，广东省畲族虽然在历史发展的长河中占据了极其重要的历史地位，但时至现代其服饰特征深度淡化。据六七十岁的老人回忆，他们前几十年穿的服装与现在也不一样，而目前各地广东畲族男女服饰都被现代的时装所取代[67]。

3.3　现代主义思潮影响下畲族服饰文化变迁的动因

如前文讲述，在特定时期的畲族服饰品曾经充当着畲族人民文化生活的重要载体，如今畲族传统文化生存的社会文化空间在不断缩减，畲民穿着畲服的场合与传统民俗事项逐渐疏离。脱离了原文化生态土壤的畲族服饰已逐渐退出畲族人日常生活，一定程度上从原来存在的生态体系中被剥离出来，单独作为民族身份标识应用于需要彰显民族性的特殊场合。其基于畲族传统民俗的传情达意等社会功能逐渐被抽离，工艺特色被逐渐淘尽，而其外观形象、审美情趣、装饰手法和民间传说等视觉图像和心理表征离析下来，演变成用来彰显民族身份的文化符号，在政府活动、旅游表演中结合当代工艺技术、设计美学和商业需求迎来多元化发展，起着弘扬民族文化、推动民族经济的作用。

随着本研究的深入，笔者发现各地畲族服饰文化普遍都在面临和经历着这一嬗变，而其背后就是席卷全球的现代性文化浪潮。它倾覆的不仅仅是畲族文化，而是现代文明触手可及的每一种文化和亚文化。在生态后现代主义者看来，构成现代性的深层哲学基础和思想追求的是机械主义的自然观、单面性的男性精神及经济主义思想等[68]。

3.3.1　机械主义的自然观——现代性的源头

机械主义自然观是近代哲学、科学及文化观念的核心思想，它将外在世界视为与己不同的"物质堆"，其观察事物的方法是"对事物、现实、感性，只是从客体的或者直观的形式去理解，而不是把它们当作人的感性活动，当作实践去理解"[69]54。后现代主义者认为，由机械观导源的"二元论认为自然界是毫无知觉的，就此而言，它为现代性肆意统治和掠夺自然（包括其他所有种类的生命）的欲望提供了意识形态上的理由"[70]。

显然，机械主义自然观是与畲族传统"物我为一"的自然观相悖的思维范式，在现代思潮的侵染下，它悄然改变着畲族服饰赖以依托的生态文化环境（图3-217）。

田野调查显示，自1993年开始福建省出台了"造福工程"，很多原来居住在山里的畲民向山下迁移，通过政府赞助买地建房，集合在汉族聚居的城镇边建成新村，向阳里村即是如此。

据向阳里村支书兰知斌介绍：向阳里村现在共有约800人，其中75%是畲

图3-217　景宁乡间废弃的畲族村庄

图片来源：笔者2015年3月8日摄于浙江丽水景宁大均乡。

族。在20世纪80年代，老年人基本上都还穿着畲服，二十岁左右的年轻人有五六个会常年穿畲服，约占当时年轻人总数的20%～30%。现在平时几乎没有人穿畲服，只有逢年过节、照相和结婚时会穿着畲服，且结婚也是新娘新郎双方均为畲族时才穿。现在村里总共约有20来套传统畲服，是作为嫁妆置办的，而能梳凤凰髻的人整个村只有五六个。男子服饰无论婚前婚后都与汉族相同。

据2010年全国第六次人口普查数据显示，福建畲族总人口数为365514人，城市人口为246449人，乡村人口119065人，城乡人口比例为1∶0.48；浙江省受总人口166276人，城市人口107490人，乡村人口58786人，城乡人口比例为1∶0.46。畲族的城市人口数量已经占据总数的一半以上，城镇化比例提高了31.25%。

对民族文化产生更深广冲击的是城镇化之下畲族人自身生活方式和思想观念的转变。如今畲民在吃穿住行等方面的社会生活习俗都在发生变化，随着村里年轻人受教育水平提高、村里交通条件改善和现代传媒信息传播等影响，人们思想观念和生活方式都在渐渐改变，年轻人不愿意学或是没有时间来学习传统文化，人们更愿意选择现代城市人的生活方式……[61]。

据调查显示，从以畲族为主的乡村的畲民到畲汉杂居的县城的畲民再到以汉族为主的城市里对少数民族文化感兴趣的居民，人们对畲族服饰文化的关联度、态度、认知和诉求都呈现逐级梯度变化的规律。越趋近城市，人们在畲服和时装中的选择就越倾向时装，对畲服的存在感也越弱，对畲服特色的了解越模糊，对它的改动越宽容，对它的诉求越接近时装。

同时，更为严重的是，由于目前普遍过于强调装饰效果的改良畲服已经偏离了其在长久延续过程中凝练出的本真形态，从而导致改良畲服并未引起畲民民族意识上的共鸣，反而激起了相形见绌的自卑感和疏离感。

诚然，正如马克斯·韦伯所说：人与自然分化后出现的这种机械主义自然观，曾一度标志着"世界的祛魅"，消除了长期笼罩于人类认识世界过程中的迷雾，带来人类科学与认识的飞跃和发展，正如"造福工程"改善了农民的生活条件、为其带来交通教育各方面的便利，其贡献是不能完全抹杀的，并且在目前一些地区仍是有效解决实际问题的方法。但是，它所判定的"乡村的死亡"后果却是从一开始就预示了灾难性的生态家园的消失。

3.3.2 单面性的男性精神——现代性的强权意识

机械自然论的后果，不仅导致人对自然的"掠夺性的伦理观"和人类中心主义观念，而且还导致人际关系上男性精神的片面性膨胀，"把世界的某些部分仅仅看作是全然缺乏内在价值和神圣性的客体"[71]。有学者还指出，欧洲的父权制由于要建立的是非自然和非女性文明，其世界观的核心"是一种文化恐惧，即害怕自然和女性的创生能力如果不受文化父亲们的管辖，将会是混乱无序的、席卷一切的"[71]。

这种单面性的男性精神也以强权的姿态，表现在现代文化所张扬的重契约轻习俗、重理性轻感性、重事实轻价值等理念中。调查中发现，目前畲服的重要需求之一来自畲族公众人物出席外事活动着装。即使服装设计制作工作者已经意识到传承传统畲服及其文化的重要性并为之努力，但现代畲服设计的真正决定权却往往并不在他们手中，而在于穿着畲服的公众人物本身。这些公众人物与主流汉文化接触较多，受其影响较大，这促使汉族审美意识和标准较深地渗透到畲服当中，促进了畲服的汉化。

客观来讲，若拥有权力和影响力的人群能够身体力行，重视和弘扬民族文化，产生的作用是积极的，但在弘扬的过程中应特别重视被施加权力的弱势群体的心理感受和接受意愿。调查显示，民族学校要求畲族和汉族学生在校或参与民族活动时要穿着畲服（图 3-218）。但遗憾的是学生在畲族服饰和现代服饰的选择中，明显倾向现代服饰（图 3-219）。可见强权所推动的服饰普及即使达到了表面上的繁荣，却难以带来真正意义上的接纳和喜爱。

对于畲族服饰文化在青少年这一代的传承，笔者在宁德市蕉城区飞鸾镇向阳里村调查中的经历或可启发。村妇女主任雷兰钦女士为我们演示飞鸾盛装。在穿戴过程中，不时有村民过来观望。到穿戴妥当，围观的村民由衷地发出赞美"真好看！"可以看出畲民对传统畲服发自内心的喜爱。其中雷爱珠女儿的反应引起了笔者的兴趣。她年龄在 17 岁左右，正在镇上读高中，当天周末放假在家。整个穿戴过程都是在雷爱珠家客厅完成，所以她的女儿一直知道我们在穿戴畲族传统服饰。开始时她显得漠不关心，一直在旁边的卧室看电视。当雷兰钦演示完毕，将畲服脱下让她穿上拍照时，她先是显得很不屑地说："我才不穿这个呢！"后来

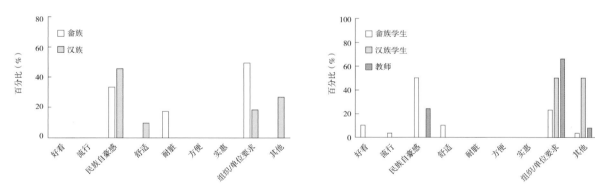

图 3-218　樟坪（左）和景宁（右）民族学校师生穿着畲服原因的调查结果

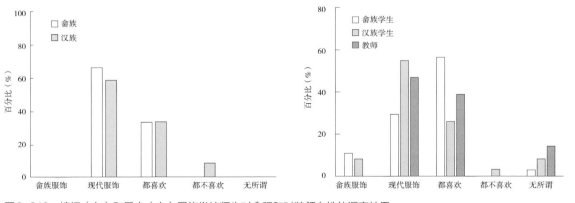

图 3-219　樟坪（左）和景宁（右）民族学校师生对畲服和时装倾向性的调查结果

终于在众人劝说下穿戴上，还主动找出自己的鞋子和裤子进行搭配，对畲服加入了她自己的审美与设计（图3-220）。最后立于镜头前的她，面若桃花，露出发自内心的笑容。笔者也好像从中感受到了传统艺术的魅力对畲族当代青年的感召和洗礼。

传承畲族服饰文化的关键不仅仅是保留服饰本身，而是珍视畲族人民倾注其上的热爱和智慧。要弘扬少数民族服饰文化，不能靠政治上的强压，也不能单纯凭经济上的扶持，而往往是需要发自内心地对处于弱势的少数民族文化存有热爱尊重和进行平等的交流。

3.3.3 经济主义思想——现代性的片面人生观

图3-220　雷爱珠女士女儿

图片来源：2010年4月笔者摄于福建省宁德市蕉城区飞鸾镇向阳里村。

经济主义或实利主义是现代社会另一个十分突出的特征。它在很大程度上已成为不被质疑的存在价值论和约定俗成的意识形态。自此，传统道德观被现代经济观所代替，对物质和财富的追求成为现代社会生活的目标，经济和物质成为现代文明的唯一标杆。

经济主义对于人的基本信条或预设是"人是经济的动物"。当以此设定来看待人类时，对物质生活条件的欲望就成为人的内在本质属性；无限丰富的物质商品可以解决所有的人类问题。[72] 同时，这种价值取向不仅被推崇为社会的信仰，而且也成为个人的理想。在这样的理念之下，人们很容易将经济利益作为选择的第一条件。这样的例子不胜枚举：浙江景宁东弄村畲民因为编织彩带太耗时又不经济，所以人们都不愿意再编织；福建"盈盛号"金银饰品有限公司经理林贤学说，新生代的青年人也有着和祖辈们完全不同的人生观和价值观，越来越少的畲族青年愿意选择制银这一耗时耗力的古老行当，从业人数不断减少。

财富变为唯一衡量标准的理念直接导致了民族艺人的流逝、缺少新生代传承人的状况。同时有人认为，工业大生产大幅降低商品成本，对财富积累的热衷诱导人们选择价格更便宜的成衣。福鼎市民族宗教事务局兰新福局长就认为当代畲族传统服饰的没落主要是由于传统畲服跟市场上的时装相比没有价格优势。

时值当代，工业化大生产和全球化的商业运作使大量价格低廉的当代服饰涌入市场，迅速替代传统服饰成为畲民以舒适、方便、价廉为首要要求的日常服。但是这并不表明经济的发展一定带来民族文化的退后。在罗源竹里村兰曲钗师傅处我们了解到，包括腰带在内的一整套罗源式畲服需要5天时间完成，总价在千元以上，但来订购的畲民仍络绎不绝。究其原因，向阳里村为代表的飞鸾式畲服覆盖地区的畲民结婚还保留着穿传统民族盛装的习俗。故接近成年的未婚少女家中都会为她备一套畲服盛装。即使一生只穿一次，一人只有一套，飞鸾式畲服也有了不少的生存空间。何孝辉的调查也提及，"随着农村社会经济发展，在敕木山村出现妇女歌舞队，畲族中年妇女们主动学习和传承畲族传统文化，购买民族传统服饰穿着等，这又体现了社会经济发展能为畲族传统文化变迁与传承发展等提供良好的社会物质保障"[61]。

应该说经济主义的初衷是促进人类社会和资本主义的发展，让人们可以有更多生存选择的空间，从这个意义上说它具有自身的积极作用。但是，正如马克思所说，"随着新生产力的获得，人们改变自己的生产方式，随着生产方式即谋生的方式的改变，人们也就会改变自己的一切社会关系。手推磨产生的是封建主的社会，蒸汽磨产生的是工业资本家的社会。"[69] 142 经济主义中生产方式对社会的绝对主导导致了市场经济大发展和随之而来的产业结构调整，倾覆了畲族服饰原有的消费市场、产业链、供应链等物质依托，对其原有的生命力带来毁灭性打击。畲族服饰呈现出"境"（原生态自然社会环境）、"人"（热爱畲服、对其传承有主观意愿的人）、"艺"（畲族服饰完整制作技艺及工具）、"材"（适应畲服制作工艺的原材料）等支撑其文化生态系统的各要素的流逝消失。

霞浦雷英师傅表示现在没有多少人做畲服，一年到头只有过年的时候才会有人来做给老人穿，即使畲族婚嫁时畲族人也不穿畲服。雷师傅做畲服的材料往往取材于本地，然而现在市场上以前的传统材料都没有了，比如绣花线以前为3股纱线，现在只有2股且相对纤细易断。由于现在做传统样式畲服基本上是做给老人，其中绝大部分是作为老人的寿衣，所以布料必须为土布，不能用化纤制品。

宁德市霞浦县溪南镇白露坑行政村半月里畲族村雷马福师傅，1958年出生，20岁时学艺，当时畲服还很时髦，但过了两年不时髦了，没人穿没人买，便不再学了。当时绣花的材料只有霞浦镇上唯一一家浙江平阳人开的店才有，线材紧密结实，不易断，不褪色。草绿、蓝、大红、橘红、黄五种颜色为一套。后来店老板去世，便再也买不到了。现在的线材很松散，刺绣时穿插布面几次就拉断。曾经福州电视台请他做畲服，由于没有材料而无法完成。

硖门乡的雷朝灏师傅认为现在畲族服饰制作的最大问题是绣花线和针这些重要的材料工具都很难采办。传统福鼎式畲族刺绣需要7种颜色：大红、二红、水红、蓝、黄、绿、紫，现在不仅颜色很难配齐，线的质量也很差，在布面上穿插几次就会起毛断裂。目前市面上也找不到适合绣花的又短又细的针（7号或8号），以绣一个图案为例，原本需要10针，现在的针线只能容下8针，这样图案的细腻程度肯定受到了损伤（图3-221）。

兰曲钗师傅说，罗源20世纪70年代时的畲服面料主要是棉布或麻布，有自织自染，也有直接购于市场上，但即使自染，染料也都是从市场买回的工业染料。红色腰带是传统织机制

图3-221　雷朝灏师傅演示刺绣

图片来源：2010年4月23日笔者摄于福鼎市硖门乡雷朝灏师傅家。

作，而另一种蓝色蜡染花纹腰带在过去是通过蜡染工艺制作，后来将纹样交由工厂订做为相同图案的印花布。这说明罗源式畲服的传统手工制作模式在三四十年前就受到了工业生产模式的冲击，并且这种影响还在逐步扩大。兰曲钗师傅更提到1990年左右"新样式"（指西式时装）开始流行，传统畲服受其影响，穿着普及度和市场需求都大大减少。现在，兰师傅制作服装的工具主要包括家用缝纫机、缲边机、大烫机、熨斗等，制作畲服所用到的面辅料涉及绣线、布、缎、花边、珠片等很多方面，除织带腰带仍为邻村传统织机制作以外，大部分材料是从各地市场搜集来的现代工业产品，手工刺绣运用不多。

2010年"三月三"乌饭节，福安乃至闽东许多地区的畲族歌手都来参加政府在牛山湾组织的歌会。歌会上的歌手大都穿着现代"改良"的畲服。传统畲服自织自染自绣的手工艺基本上都被工业大批量机器制作所取代。对服饰风貌影响最大的是传统手工绣花改为电脑打版机绣：一方面，由于电脑绣花针法的局限，机绣用线不能太细密，这就使传统刺绣纹样在适合电脑图版的过程中丢失了其精巧细腻性，而流于简陋呆板；另一方面，传统畲服刺绣多为畲族绣师随手作绣，手随心动，不必打稿，除了刺绣的区域、外轮廓和排列布局约定俗成外，适合纹样的题材和造型可以千变万化，这就使得畲族服饰在款式大致统一的共性下，每一件服装单品又能以其独特的刺绣花纹显现出个性魅力，可以说每一件服装都是独一无二的艺术精品。目前广泛使用电脑机绣的根本目的就是通过大批量机械操作来减少劳动力、节约成本，但是生产出的服装却千篇一律，失去了其丰富的异质美。同时，简单地用彩色机制织带代替手工绣花的情况在现代畲服中也比比皆是。除电脑打版机绣外，另一较大改变是服装材料的变更。过去畲服面料主要是自织自染的麻布、棉布，质感粗硬。现代改良畲服大量应用密实耐用的斜纹劳动布、丰盈华美的绒布、柔软悬垂的呢料等现代织物，丰富了畲服的构成、手感和视觉效果。同时，现代织物的良好功能性，如柔软度、吸湿性、弹性等，使得畲服的人体舒适度得到了提升、造型空间得到了很大扩展。这又是现代主义下科技进步对畲服发展做出的积极贡献。

现代性对实利主义的片面追求，还催生了对畲服文化影响至深的逐利性旅游经济。畲服在当代的主要舞台是以推动经济为主要目的的旅游业民俗表演。在这里，它被作为商业和娱乐产品而重新包装。文化资源被商品化了，它不再只是一种人文涵养，而成为一种需要迎合

图3-222　畲族风情表演

图片来源：福鼎市民族宗教事务局钟敦畅先生提供。

市场的消费品。畲族服饰迎合着游客们心目中的"民族"服饰形象，变得鲜艳多彩，甚至袒胸露脐（图3-222），而这个形象并不是来自于畲族传统文化，却往往是大众媒体所塑造出的一种对"民族"形象的通感。可以说，这种改变是一定意义上的"与时俱进"，符合市场经济的大环境，同时也在一定程度上为民族服饰文化的生存和发展争取了空间。但还是应注意遵循畲族服饰原有的文化内涵以及畲民的审美心理，避免损伤畲族服饰中长期积淀下来的内在价值。

3.4　小结

畲族服饰文化变迁存在激变、简化、稳进、采借、嫁接、消隐等类型。在传承情况上，浙南、闽东畲族聚居区畲族盛装"本真"传承较好，赣徽等散居区畲族盛装传承"失真"采借的情况比较严重；在穿着场合和功能上，畲族人日常穿着畲族服饰的情况越来越少，大部分畲族服饰被用于舞台艺术表演或旅游行业；在艺术特征上，各地畲族盛装服饰均呈现从原来的简约自然、朴素清丽的含蓄风格向绚丽夺目、夸张奢华的外放风格转化的倾向，而畲族常服悄然消隐至完全汉化；在制作和工艺上，原来手工制作的服饰面辅料和纺织染裁缝绣等手工艺均被工业生产所代替；在传播情况上，丽水式头饰以其辨识度高、制作简便的优势在现代流传范围颇广，其次是视觉辨识度较高的罗源式。

以生态后现代的视角观照畲族服饰文化的传承可知，需要以有机整体观、内在和谐观和尊重关心生命共同体的文化对待畲族服饰传承，实现知识信息社会与传统文化传承的双赢。在畲族服饰的当代发展中，需要对其艺术特征、工艺技巧、文化观念进行综合分析和合理改进。畲服传承的动机首先是发自内心的尊重和热爱，传承的首先是凝聚于畲服之上的美和生命力。

第 4 章　畲族服饰源流再探

畲族历经千年迁徙，分散在华东和贵州的广大山区，各地畲族服饰各有特色的同时存在内在联系，呈现纷繁复杂的局面。本章在前人的基础上进一步厘清畲族服饰各类型间的源流关系，对民族文化遗产的"保真"传承提供前期基础。

畲族服饰造型独特，类型丰富，吸引了不少学者的关注。人类学家凌纯声先生早在1947年就对各地畲族妇女头饰造型进行研究，认为畲族妇女头饰为唯一"在外表观察上可以区别的"畲族特征[25]223，也是畲民图腾文化崇拜的实迹。1985年，潘宏立先生依据各类福建畲族服饰结构的相似性，推断其中的密切联系反映了各类型服饰的渊源关系，进而提出"畲族服饰的差异是地方性变异"[40]39。潘先生认为从畲族文化历史发展的总体过程来看，畲族服饰是从同一发展到多样，逐渐形成地方差异的，并指出福建畲族服饰差异是迁徙散居后基于地理、文化隔离而产生的辐射变异。2017年陈敬玉在《民族迁徙影响下的浙闽畲族服饰传承脉络》一文中将浙闽畲族服饰归纳为5种典型分支样式，与2条由闽入浙的历史迁徙路线进行对照发现其上贯穿着该5种服饰，且具有一定的脉络相承关系，故指出畲族服饰脉络相承关系与民族迁徙路径之间具有较为一致的对应性："畲族服饰由罗源式为起点至景宁式为终点，途经福安、霞浦、福鼎和泰顺，存在一脉相承的连贯性"[73]。

本章在前人研究的基础上将研究范围和类型进一步增大，对华东地区畲族服饰分门别类进行梳理，发现其头饰、耳饰、女鞋、襟角造型均存在明显的内在渐变联系。

畲族盛装头饰造型变化脉络如图4-1所示：以罗源式为源头，与其最接近的是丽水式，同样由珠链串起覆布竹筒和挂有"经幡"的发簪；丽水式与相邻的景宁式和平阳式均有较高的相似度，景宁式将冠顶所覆红布化作錾花银片，竹筒变为竹片，同时将经幡发簪化为主体高冠的一部分，而平阳式除同样将冠顶覆布化作银片外，却同时增大了竹筒的体量，并分别在竹筒前部和竹筒下方增加了银制流苏和红黑条纹头巾；接下来的泰顺式，继承了平阳式大体量的竹筒主体和额前流苏，同时增加了珠链的用量和长度，在竹筒上方和下方均垂珠链于两侧，且下方的珠链超过1米，长度过腰及臀；福鼎式头饰与泰顺式一样有长长的珠链、额前流苏和脑后飘带，但主体竹筒开始向上倾斜，形成昂起的鸭嘴型；霞浦式头冠倾斜角度进一步加大直至向后，除前额装饰流苏银挂面外，冠顶也装饰银制流苏，松罗头冠则直接利用

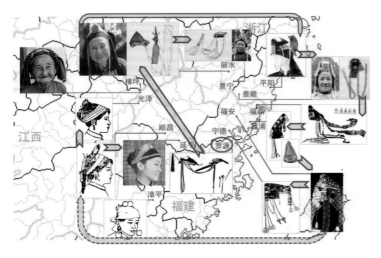

图4-1　华东地区畲族头饰类型分布及变化关系图

笋壳做出圆锥形；福安式在霞浦式的基础上继续向后发展，将头冠高度降低的同时纵向长度加长至原来的两倍，后面如霞浦式的冠顶一样垂有银制流苏，同属福安式的宁德头冠冠顶更低，几乎呈平顶。到这里，畲族头饰已经由头顶纵向置竹筒再蒙巾的形式完全改易，变为了平顶阔帽的形式。若从宏观造型上来看，福安凤冠与闽北顺昌的盘瓠帽均呈前高后低的斜平顶状，有一定的相似度。顺昌式、延平式和光泽式均系盘髻于后脑，用黑纱包头，再用红色头绳或带子缠绕，区别是光泽式不用银簪，延平式用 6 支银钩和 1 支匙形银簪，而顺昌式用几十甚至上百支匙形银簪。闽南的漳平式受当地汉族影响较大，头饰与客家较为类似。江西樟坪式也相对独特。

畲族耳环造型的变化脉络因其结构简单而颇为清晰（图 4-2）：自罗源式开始，到丽水式，一路西进至景宁式，另一路南下到平阳式、福鼎式、霞浦式，其耳坠部分逐渐缩小，从葫芦形向箭头形变化，耳后部分变为环状且越来越大。福安式前面的耳坠已近似米粒大小，而福安式下的宁德型则环圈更大。发展到顺昌式，耳坠部分已浓缩为环圈前端的一颗小半球。光泽式前端半球较大，后部环圈简化为钩。闽南漳平式耳环与上述各型联系较弱，自成一脉。

因资料有限，畲族绣花女鞋造型的变化脉络不够完整，但也大体勾勒出从罗源北上，再从丽水沿东海岸返回闽东的变化路径（图 4-3）：罗源式为翘鼻彩须绣花鞋，福安式保留翘鼻而彩须不存，丽水式和景宁式保留彩须而翘鼻不再，再从平阳式到泰顺式到福鼎式，鞋底前部逐渐上翘，鞋头形状从圆头渐变为方平头。

如图 4-4 所示，虽然女装前襟造型受主流服饰文化涵化程度颇大，导致脉络不甚清晰，但仍可见其地方性差异的内在联系：从浙南丽水、景宁，下至闽东福安，再到闽北顺昌、延平，最后至闽南漳平，沿线及向西各地畲服均不同程度的涵化为近代主流的旗式右衽系扣大襟衣，前襟呈"厂"字形，并沿襟边贴边或绲边装饰。而该沿线以东地区畲服明显呈现出畲

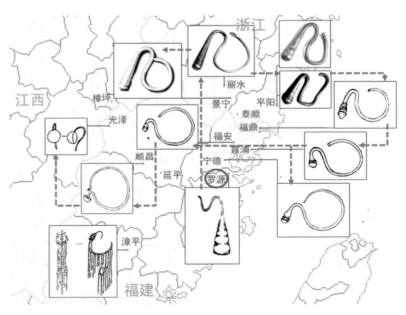

图 4-2 华东地区畲族耳环类型分布及变化关系图

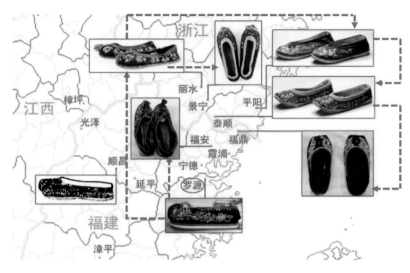

图4-3　华东地区畲族女鞋类型分布及变化关系图

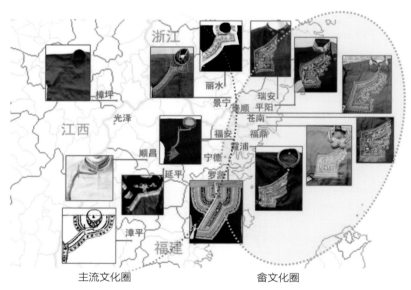

图4-4　华东地区畲族襟角类型分布及变化关系图

族自身特色与主流服饰特征的融合：罗源式保留汉式直襟交领造型，而脖颈周围挖出仿旗式圆领结构；霞浦式、福鼎式、平阳式和泰顺式前襟均不用纽扣，为汉式腋下系带形式，但直襟演变为钝角，呈现出向旗式大襟的过渡。

综上，华东地区畲族各类服饰造型的变化脉络大体上都呈现出以罗源式为源头，直抵丽水后沿东海岸返回闽东，再由福安向西辐射的变化路径。这说明了畲族在历史上的迁徙和族间影响并不仅仅是递进式的，而极有可能是阶梯式和回溯式的。同时，通过对比华东地区畲族各类服饰的造型，也可发现主流文化圈和畲族文化圈的边界大体上位于从浙南丽水、景宁，下至闽东福安，再到闽北顺昌、延平，最后至闽南漳平的沿线上。

参考文献

[1]《景宁畲族自治县志》编纂委员会. 景宁畲族自治县志 [M]. 杭州：浙江人民出版社，1995：101，图录页.

[2] 施联珠，雷文先. 畲族历史与文化 [M]. 北京：中央民族学院出版社，1995：62，63，269，282.

[3] 谢重光. 畲族与客家福佬关系史略 [M]. 福州：福建人民出版社，2002：11，197.

[4] 鄂多立克. 鄂多立克东游录 [M]. 何高济，译. 北京：中华书局，1981：66.

[5] 宋濂. 元史·卷十：世祖本纪 [M]. 北京：中华书局，1983：211.

[6] 施联朱. 关于畲族来源与迁徙 [J]. 中央民族学院学报，1983，2：36-44.

[7] 曾少聪. 汉畲文化的接触——以客家文化与畲族文化为例 [J]. 中南民族学院学报(哲学社会科学版)，1996，81(5)：51.

[8] 罗香林. 客家研究导论 [M]. 上海：上海文艺出版社，1992：37，42，241.

[9] 谢重光. 明清以来畲族汉化的两种典型 [J]. 韶关学院学报(社会科学版)，2003，24(11)：13.

[10] 王柏，昌天锦，等. 平和县志 [M]. 台北：成文出版社，1967：258.

[11] 钟雷兴，吴景华，等. 闽东畲族文化全书：服饰卷 [M]. 北京：民族出版社，2009：54-55，104-107.

[12] 司马云杰. 文化社会学 [M]. 北京：中国社会科学出版社，2001：318，406，412.

[13] 石峰. "文化变迁"研究状况概述 [J]. 贵州民族研究，1998，76(4)：7.

[14] 威尔逊. 新的综合：社会生物学 [M]. 阳河清，编译. 成都：四川人民出版社，1985：23-25.

[15] 谢重光. 两宋之际客家先民与畲族先民关系的新格局 [J]. 福建论坛(人文社会科学版)，2002(2)：37.

[16] 陈东生，刘运娟，甘应进. 论福建客家服饰的文化特征 [J]. 厦门理工学院学报，2008，16(2)：2-3.

[17] 施联朱，宇晓. 畲族传统文化的基本特征 [J]. 福建论坛(文史哲版)，1991(1)：59-60.

[18] 蒋炳钊. 畲族史稿 [M]. 厦门：厦门大学出版社，1988：27-28.

[19] 雷志良. 畲族服饰的特点及其内涵 [J]. 中南民族学院学报(人文社会科学版)，1996，81(5)：131.

[20] 刘志文. 广东民俗大观(上卷) [M]. 广州：广东旅游出版社，1993：35-36.

[21] 方清云. 论畲族的民族特性及形成原因——以江西省贵溪市樟坪畲族乡为例 [J]. 中南民族大学学报(人文社会科学版)，2009，29(3)：85.

[22] 魏兰. 畲客风俗 [M]. 上海：上海顺成书局，1906.

[23] 沈作乾. 括苍畲民调查记 [J]. 东方杂志，1924，21(7).

[24] 史图博，李化民. 浙江景宁县敕木山畲民调查记 [M]. 武汉：中南民族学院民族研究所，1984：图录页，12，14.

[25] 凌纯声. 畲民图腾文化的研究 [M]//中国边疆民族与环太平洋文化. 台北：联经出版社，1979：223，297-299，301.

[26] 柳意城. 畲民生活在景宁 [N]. 正报，1947-1-27.

[27]政协浙江省丽水市委员会．丽水文史资料(第4辑) [A] // 中国人民政治协商会议浙江省丽水市委员会文史资料委员会，1987：2，24，37，38，69，189，217．

[28]F．Ohlinger, A Visit to the Doghead Barbarians of Fukien [J]. The Chinese Recorder, July 1886, Vol.17：265-268．

[29]William Edgar Geil, Eighteen Capitals of China [M]. Philadelphia & London：J．B．Lippincott Company, 1911．

[30]E．H．Parker, A Journey in Fukien & A Journey from Foochow to Wenchow through Central Fukien [J]. Journal of the North China Branch of the Royal Asiatic Society, 1884, (19)

[31]Isabella L．The Yangtze Valley and beyond [M]. London：J．Murray, 1899：2, 177．

[32]杨长杰，黄联钰，等．贵溪县志·(卷14)：杂类轶事 [M]．台北：成文出版社，1989．

[33]周沐照．江西畲族略史 [M] // 中国人民政治协商会议江西省委员会，文史资料研究委员会．江西文史资料选辑(第7辑)．南昌：江西人民出版社，1981．

[34]黄一龙，林大春．风俗志·潮阳县志 [M]．影印版．上海：上海古籍书店，1963．

[35]朱洪，李筱文．丰顺县凤坪村畲族社会历史情况调查 [A] // 广东省畲族社会历史调查资料汇编．广州：广东省民族研究所，1983：48．

[36]蒋炳钊．畲族史稿 [M]．厦门：厦门大学出版社，1988：281，320．

[37]龚友德．原始信息文化 [M]．昆明：云南人民出版社，1996：82-83．

[38]余绍宋．地理考·风俗(卷二)：龙游县志 [M]．北京：京城印书局，1925．

[39]施联珠．畲族 [M]．北京：民族出版社，1988：64．

[40]潘宏立．福建畲族服饰研究 [D]．厦门：厦门大学，1985：39，54-57．

[41]吕婉菀．民国时期浙江省公路建设研究(1916—1937) [D]．杭州：浙江大学，2007：13．

[42]冯帆，李倩．明清时期闽东、浙南地区的畲族经济 [J]．江汉论坛，2011(12)：114．

[43]叶大兵．畲族文学与畲族风俗 [J]．中南民族学院学报，1982，(4)．

[44]浙江省民族宗教事物委员会．畲族高皇歌 [M]．北京：中国广播电视出版社，1992．

[45]蓝炯熹．盘瓠传说的理解、曲解和误解——畲民图腾文化再研究 [G] // 福建省炎黄文化研究所．中华文化与地域文化研究：福建省炎黄文化研究会20年论文选集(第3卷)．厦门：鹭江出版社．2011：1288-1296．

[46]沈松林．一件错事 [A] // 云和县政协文史资料研究委员会．云和文史资料，1985．

[47]《浙江省少数民族志》编撰委员会．浙江省少数民族志 [M]．北京：方志出版社，1999：292．

[48]南平市延平区畲族研究联谊会．延平畲族 [M]．厦门：鹭江出版社，2013：97-101．

[49]《中国少数民族社会历史调查资料丛刊》修订编辑委员会．畲族社会历史调查 [M]．北京：民族出版社，2009：40．

[50]蓝云飞．畲族生活习俗若干特征 [A] // 中国人民政治协商会议浙江省丽水市委员会文史资料委员会．丽水文史资料(第4辑)：畲族专辑，1987：38．

[51]钟炳文．畲族文化泰顺探秘 [M]．宁波：宁波出版社，2012：65．

[52]范佩玲. 山哈风韵:浙江畲族文物特展 [M]. 北京:中国书店,2012:202.

[53]廖云泉. 南平市志·卷四十七·风俗宗教 [M]. 北京:中华书局,1994.

[54]顺昌县人民政府网站. 话说顺昌畲族. [EB/OL]. http://www.fjsc.gov.cn/cms/siteresource/article.
shtml?id=301306134-57710003&siteId=30128192028350000. 2007-09-28.

[55]靖道谟,鄂尔泰,等. 四库全书·贵州通志 [M]. 影印本. 清乾隆版:115.

[56]百度百科·词条. 东家人 [EB/OL]. (2014-06-05)https://baike.baidu.com/item/%E4%B8%9C%E5%
AE%B6%E4%BA%BA/10379126]

[57]窦全曾,陈矩. 都匀县志稿·卷5 [M]. 影印本. 出版者:不详,1925.

[58]赵华甫,吴琪拉达. 走进阿孟东家人 [M]. 北京:中国文联出版社,2012.

[59]徐飞,陈乐基. 贵州畲族文化综述:兼谈保护畲族传统文化初步设想 [C]// 马建钊. 畲族文
化研究:全国畲族文化学术研究会(潮州)论文集. 北京:民族出版社,2009.

[60]董波. 从东家人到畲族:贵州麻江县六堡村畲族的人类学考察 [D]. 厦门:厦门大学,2008:
54-55.

[61]何孝辉. 浙江畲族80年文化变迁:《浙江景宁县敕木山畲民调查记》回访调查 [J]. 丽水学院学
报. 2012,34(6):48-53.

[62]杨澜. 临汀汇考(卷3):风俗考·畲民附 [M]. 影印本. 出版者:不详,1878.

[63]《中国少数民族社会历史调查资料丛刊》福建省编辑组. 畲族社会历史调查 [M]. 福州:福建人民
出版社,1986:129.

[64]龙锐. 贵州隆昌畲族社区的社会经济状况 [J]. 宁德师专学报(哲学社会科学版),1998(2):3.

[65]贵州省民族宗教事务委员会. 畲族 [EB/OL]. http//www. gzmw. gov. cn/index. php?m=content
&c=index&a=show&catid=56&id=16.2014-06-05.

[66]曾祥慧. 贵州畲族"凤凰衣"的文化考察 [J]. 原生态民族文化学刊,2012(4):96,101.

[67]朱洪,姜永兴. 广东畲族研究 [M]. 广州:广东人民出版社,1991:121.

[68]于文秀. 生态后现代主义:一种崭新的生态世界观 [J]. 学术月刊,2007(6):24.

[69]马克思,恩格斯. 关于费尔巴哈的提纲 [M]// 中共中央马克思恩格斯列宁斯大林著作编译局. 马
克思恩格斯选集(第1卷). 北京:人民出版社,1995:54,142.

[70]格里芬. 后现代精神 [M]. 王成兵,译. 北京:中央编译出版社,1998:5,8,9,11,91,219.

[71]C. 斯普瑞特奈克,秦喜清. 生态女权主义建设性的重大贡献 [J]. 国外社会科学,1997(6).

[72]于文秀. 生态文明时代的文化精神 [N]. 光明日报,2006-11-27.

[73]陈敬玉. 民族迁徙影响下的浙闽畲族服饰传承脉络 [J]. 纺织学报,2017,38(4):115.

后记

十多年前刚接触畲族服饰时，并未想过这个课题会成为我学术生涯的核心，更无从预料这个课题将涵盖的不仅是对知识的累积，更是对意义的求索；不仅是对理论的探寻，更是对人伦的思辨；不仅是对学历的修炼，更是对人格的磨砺。其间种种境遇，随际遇切换从未流转的是内心的学术追求。这份追求的坚定来自于对中华民族服饰艺术和文化的热爱、对其生命力的好奇、对其传承和弘扬的心愿，也来自于一路同行给予我无限支持和关爱的恩师挚友们。回首种种，感恩良多！

首先要感谢我的博士导师范雪荣教授。恩师高尚的人格、崇高的敬业精神、渊博的学识、严谨的治学态度、敏锐的洞察力、不懈探索的精神、诲人不倦的师德，以及谦和亲切的为人处世方式，都是我一生受之不尽的宝贵财富！感谢陈东生教授不仅在阶段性论文的选题和写作上给予了多次耐心指导，还无私共享闽江学院长期积累的畲族研究资源，使我2010年的福建畲族服饰田野考察得以圆满完成。感谢崔荣荣教授对本研究的选题提供了诸多让我茅塞顿开的建议。感谢我的硕士导师浙江理工大学吴微微教授一直以来的关爱支持，没有吴老师指导下硕士阶段积累起来的学术基础，也就没有本研究博士阶段的精进！感谢浙江农林大学生态文明研究中心主任任重教授为本研究的生态学视域观照提供了学术支持。感谢我所任教的浙江农林大学特别是我所在的艺术设计学院领导和各位老师们对我的支持和帮助！

感谢在田野调查过程中给予莫大帮助的浙江景宁文物保护管理委员会雷光振研究员、景宁民族宗教事务局雷魏芬局长、景宁民族宗教事务局民族科雷依林科长、景宁畲族服饰传承人雷一彩、传师学师传承人雷梁庆、彩带编织传承人蓝延兰、畲歌畲语传承人蓝仙兰、畲族山歌传承人雷细花、景宁县电视台钟建明记者、文成县培头民族小学退休教师钟维禄、云和平阳岗村蓝岗蓝观海老人、福建宁德蕉城区民族宗教事务局雷良裕局长、蕉城区向阳里村钟月珠主任、南山村兰意良村主任和雷爱珠女士、福建宁德霞浦县钟光荣主任、霞浦溪南镇白露坑村半月里雷国胜村主任、福鼎市民宗局兰新福局长、硖门乡钟墩畅先生、中国民族报蓝希峰编辑、江西省民族宗教事务局蓝祥平处长、贵溪市樟坪畲族乡蓝国平乡长和胡小平先生、雷良海老人、福建省民族研究会会长雷弯山教授、原福建省民族宗教研究所所长蓝炯熹教授、顺昌畲族文化研究会兰其平会长、雷丽丽秘书长、罗源民俗专家雷永健老师、罗源非遗传承基地兰淑香主任、非遗传承人兰曲钗和兰银才师傅，还有汤瑛小妹、钟小波小兄弟等畲家人，正是因着研究过程中畲族同胞无一例外的热情接待和无私分享，才使得我作为一个外乡人完全不用担忧人身安全和语言障碍，只身深入畲村顺利展开调查研究。

感谢本课题研究团队浙江理工大学陈良雨师弟、汤慧师妹的相偕同行；感谢研究畲族服饰的同好闽江学院陈栩副教授、浙江理工大学陈敬玉副教授的切磋共勉……

最后，感谢我的家人，在期许我飞得高的同时更护航我飞得稳。多年来默默支持看顾左右，毫无怨言，不计付出，不求回报。我爱你们！

恩重如山，情深似水。无以为报，惟自勉今后求索路上登山摘星以明智，若水上善以厚德。

闫 晶

2019年4月6日子时